JN247858

ビジネスにも役立つ！
LINE （ライン）
完全マニュアル
LINE Pay / 公式アカウント対応

桑名由美 / 松浦法子　著

秀和システム

■本書の編集にあたり、下記のソフトウェアを使用しました

- ・iPhone11 Pro　iOS13.3
- ・901SO　Android バージョン 9
- ・LINE バージョン 9.18

上記以外のバージョンやエディションをお使いの場合、画面のイメージが本書の画面イメージと異なることがあります。

■注意

(1) 本書は著者が独自に調査した結果を出版したものです。

(2) 本書は内容について万全を期して作成いたしましたが、万一、ご不備な点や誤り、記載漏れなどお気付きの点がありましたら、出版元まで書面にてご連絡ください。

(3) 本書の内容に関して運用した結果の影響については、上記(2)項にかかわらず責任を負いかねます。あらかじめご了承ください。

(4) 本書の全部、または一部について、出版元から文書による許諾を得ずに複製することは禁じられています。

(5) 本書で掲載されているサンプル画面は、手順解説することを主目的としたものです。よって、サンプル画面の内容は、編集部で作成したものであり、全て架空のものでありフィクションです。よって、実在する団体・個人および名称とはなんら関係がありません。

(6) 商標
　本書で掲載されているCPU、ソフト名、サービス名は一般に各メーカーの商標または登録商標です。
　なお、本文中では™および®マークは明記していません。
　書籍中では通称またはその他の名称で表記していることがあります。ご了承ください。

本書の使い方

このSECTIONの目的です。

このSECTIONの機能について「こんな時に役立つ」といった活用のヒントや、知っておくと操作しやすくなるポイントを紹介しています。

操作の方法を、ステップバイステップで図解しています。

用語の意味やサービス内容の説明をしたり、操作時の注意などを説明しています。

はじめに

　今や子供からお年寄りまで幅広い世代が利用しているLINE。友だちや家族との連絡手段としてだけでなく、企業や店舗からの情報を入手するために欠かせないツールとなっています。

　LINEというと、文字やスタンプでやり取りするトーク機能がメインですが、実はLINEアプリの中にはさまざまな機能があります。近況を投稿する「タイムライン」やスマホで決済できる「LINE Pay」、ニュースの閲覧などもLINEアプリ内で利用が可能です。また、「LINE Camera」や「LINEマンガ」などは別途アプリをダウンロードすれば楽しめます。さまざまな場面で役立つ機能やサービスが豊富に用意されているのです。

　本書は、LINEの基本から応用までを取り上げた解説書です。従来のLINE解説書とは異なり、LINEのトーク機能だけでなく、LINE Payの解説も入れています。LINE Payを使うと、お店での支払いだけでなく、友だちへの送金や割り勘も簡単にできるようになるので、まだ使っていない人はこれを機に始めてみてください。

　また、Chapter7以降には「公式アカウント」の操作方法や活用法を載せました。LINEの「公式アカウント」は、ブログやメルマガよりも集客・販促効果があると言われているので、中小企業や個人事業主の方におすすめです。今まで使い方がわからずに躊躇していた人も、1つずつ操作していけば使えるようになるのでお試しください。

　本書を一通り読めば、LINEでよく使われている機能や役立つ機能を習得することができます。ビジネスでもプライベートでも活用していただけたら幸いです。

　最後になりましたが、今回の執筆にあたって、Chapter08の「Check」及び、Chapter09を担当していただいた松浦法子様に感謝申し上げます。また、機器を貸して頂いたメーカーの皆様と秀和システム編集部の皆様には今回も大変お世話になりました。この場をお借りして御礼申し上げます。

2019年12月
桑名由美

プライベートでもビジネスでも、幅広く役に立つ「LINE」

◀「トーク」は文字やスタンプ、写真、動画、位置情報など、色々送ってやりとりできる。1対1でもグループでも使える。

◀「LINE Pay」で話題のキャッシュレス決済をはじめよう。買い物だけでなく、割り勘したり、クーポンも使える。

◀「無料通話」は友だちに登録してあれば、電話番号を知らない相手にもかけられる。ビデオ通話もできる。

◀「LINE Camera」など、LINEにはいろんなサービスがある。LINEと連動しているものも多く、いずれも使い勝手がいい。

◀「タイムライン」に投稿して、みんなに見てもらおう。自分の近況を伝えたり、ビジネスでもお店のPRやファン作りなどに役立つ。

◀以前は「LINE@」という名前で知られていた「公式アカウント」。お店や会社の集客・販促に効果抜群で、誰でも利用できる。

目 次

本書の使い方 ……………………………………………… 3

はじめに ………………………………………………… 4

**Chapter01　身近な人と気軽にやりとりするLINEを
使ってみよう** …………………………………… 15

01-01　**そもそもLINEってどんなアプリ？** ………………… 16
メッセージのやり取りから音声・ビデオ通話、
キャッシュレス決済まで幅広い

01-02　**LINEの利用登録をする** ……………………… 18
携帯電話番号があれば、短時間で簡単に登録できる

01-03　**LINEの画面を確認する** ……………………… 22
LINEの操作の基本になる、ホーム画面を確認しておこう

01-04　**プロフィール画像を設定する** ………………… 24
自分のアイコンとして表示される。
自分の顔写真でなくてもOK

01-05　**ホーム画面の背景やひとことを設定する** ……… 26
自分らしさを出せる場所。コメントで近況報告している
人も多い

01-06　**友だちを追加する** ……………………………… 28
追加する友だちがその場にいるかどうかなどで、
方法を使い分けよう

01-07　**友だちとトークする** …………………………… 32
トークルームでやりとりするメッセージは、
他の人からは見えない

01-08　**メッセージを削除する** ………………………… 34
自分の画面から消す方法と、相手の画面からも消す方法がある

01-09　**気持ちをスタンプで送る** ……………………… 36
イラストで気持ちを伝えよう。無料と有料のものがあり、
種類も豊富

01-10　**無料通話やビデオ通話を使う** ………………… 40
ハンズフリーや保留、不在着信機能も使えて、
テレビ電話にもなる

01-11 **画面のデザインを変更する** ······· **42**
好きなデザインで楽しく使おう。
トークルームごとにも設定できる

Chapter02 いろんなファイルや音声も送れるトーク機能を
使いこなそう ················· **43**

02-01 **写真や動画を送る** ················· **44**
持っている写真でも、その場で撮影してもOK。
文字も入れられる

02-02 **Excel や PDF などのファイルを送る** ··········· **46**
LINE なら既読がつくので、相手がメッセージを見たか
わかって便利

02-03 **位置情報を送る** ················· **48**
現在地や目的地を地図で送れるので、待ち合わせなどに便利

02-04 **ボイスメッセージを送る** ·········· **49**
急いでいて文字入力がもどかしい場合や、
留守番電話として使える

02-05 **写真をアルバムで管理する** ·········· **50**
写真をまとめておけば、時間が経ったり数が増えてもすぐに
見られる

02-06 **メッセージを画像にして送る** ·········· **52**
文字も写真も、やりとりをまとめて一つの画像にして送れる

02-07 **友だちに別の友だちを紹介する** ·········· **54**
友だち追加されたくない場合もあるので、
紹介相手の了解を得よう

02-08 **複数の人とやり取りする** ·········· **56**
グループに後から参加したい友だちも、招待すれば追加できる

02-09 **メッセージや写真を友だちと共有する** ·········· **58**
ノートを使うと、メッセージや動画、
スタンプなども保存しておける

02-10 **メッセージや写真を自分用に保存する** ································ **60**
自分だけが見たいデータの保存にはKeep。
ストレージ感覚で使える

02-11 **パソコンでLINEを使う** ································ **62**
スマホとパソコン、同時に両方使うこともできる

02-12 **オープンチャットを使う** ································ **64**
最大5000人！匿名でいろんなテーマの
公開チャットに参加できる

Chapter03 投稿やいいね！で交流できるタイムラインを使おう ······ **67**

03-01 **友だちの投稿にいいねやコメントを付ける** ···················· **68**
タイムラインで、友だちの近況やさまざまな情報を
得ることができる

03-02 **近況を報告する** ································ **70**
他のSNSと同様に、文章だけでなく写真や動画も投稿できる

03-03 **特定の人だけに投稿を見せる** ································ **72**
公開範囲を選択できるので、特定の友だちのみに見せられる

03-04 **投稿を編集・削除する** ································ **74**
入力をミスしたり、写真を間違えてしまっても修正できる

03-05 **友だちの投稿を自分のタイムラインに
載せないようにする** ································ **76**
興味のない投稿は非表示にできる。
相手には伝わらないので安心

03-06 **タイムラインを新着順に表示する** ···················· **77**
最新情報を見たい場合と話題の情報を見たい場合で
使い分けよう

03-07 **ストーリーを使う** ································ **78**
24時間限定で公開されるから、些細な内容でも
気軽に投稿できる

Chapter04　話題のキャッシュレス決済 LINE Pay を使ってみよう … 81

04-01　LINE Pay とは … 82
支払いだけでなく、送金や割り勘もできる話題の
キャッシュレス決済

04-02　LINE Pay を使えるようにする … 86
チャージや送金には本人確認が必要なので、
ここで登録しておこう

04-03　LINE Pay にチャージする … 90
銀行口座以外に、コンビニでもチャージできる。
共に本人確認が必要

04-04　自動的にチャージする … 94
一定の金額を下回ったら、設定した金額を
自動でチャージできる

04-05　実店舗での購入時に LINE Pay を使う … 96
店舗によってコードを読み取ってもらう場合と
自分で読み取る場合がある

04-06　オンラインショップや通販の購入時に LINE Pay を使う … 98
決済時に LINE Pay を選択したり、
請求書払いにしたりできる

04-07　友だちに送金する … 100
LINE の友だちに、メッセージやイラストの入った
送金依頼を送れる

04-08　お金を立て替えて割り勘する … 103
割り勘の面倒な計算を省ける。現金のやりとりも
不要なので効率的

04-09　クーポンを使う … 106
LINE Pay 限定のクーポンもあるので、
こまめにチェックしよう

04-10　LINE ポイントを使ったり貯めたりする … 108
動画を見たり友だち追加して貯めたポイントを支払いに使える

04-11　LINE Pay の残高や決済履歴を確認する … 110
残高の他に、いつどこで利用したかや決済方法も確認できる

04-12　LINE Pay残高を引き出す ……………………………… **112**
　　　　LINE Pay残高から銀行口座へ出金して現金を引き出せる

04-13　LINE Payで生体認証を使う ……………………………… **114**
　　　　顔認証や指紋認証でロックを解除できる。
　　　　セキュリティも高められる

04-14　マイカードでポイントを貯める ……………………… **116**
　　　　紙のポイントカードが不要になるので、
　　　　財布の中もスッキリ整理できる

04-15　LINE Payカードを使う ……………………………… **118**
　　　　バーチャルカードとプラスチックカードがあり、
　　　　機能はどちらも同じ

Chapter05　カメラやスタンプ作成など いろいろな
　　　　　　　 LINEサービスを利用しよう ……………………… **121**

05-01　LINE Cameraで写真を撮影・編集する ……………… **122**
　　　　撮影時にフィルターを設定して、見栄えの良い写真を撮れる

05-02　LINE Cameraで複数枚の写真を1枚にする …………… **126**
　　　　用意されたテンプレート以外に自由なレイアウトの
　　　　コラージュも可能

05-03　LINEでギフトを送る ……………………………… **130**
　　　　カードと一緒に送れる。住所を知らない友だちにも
　　　　配送することが可能

05-04　LINE Outで無料通話する ………………………… **133**
　　　　LINEを使っていない人や固定電話にもかけられる。
　　　　無料と有料がある

05-05　LINEスタンプを作成する ………………………… **134**
　　　　絵に自信がなくても、アプリを使って
　　　　簡単にスタンプを作成できる

05-06　LINEスタンプを販売する ………………………… **140**
　　　　作成したスタンプは、非公開にして仲間内だけで
　　　　使うこともできる

05-07　その他のサービス …………………………………………… **144**
　　　　ビジネスだけでなく、プライベートでも役立つサービスが
　　　　豊富にある

Chapter06　知っておくと便利なLINEアプリの設定 ……………… **147**

06-01　既読を付けずにメッセージを読む ……………………… **148**
　　　　スマホの画面に通知を表示させることで、
　　　　開かずに内容を読める

06-02　メッセージが届いたときに画面に内容を
　　　　表示させないようにする ………………………………… **152**
　　　　内容表示をオフにすると、メッセージが届いたことだけが
　　　　通知される

06-03　パスワードやメールアドレスを変更する ……………… **153**
　　　　機種変更やアプリの再インストールをした時、
　　　　必要になる情報

06-04　知らない人や関わりたくない人とLINEで
　　　　つながらないようにする ………………………………… **154**
　　　　友だちの自動追加やブロック、受信拒否などの
　　　　設定を確認しよう

06-05　新しいスマホでLINEを使用する ……………………… **158**
　　　　トークのバックアップを取ってから、
　　　　新しいスマホでログインする

06-06　LINEの利用を止める …………………………………… **162**
　　　　購入したコインやスタンプ、登録した友だちなどを
　　　　消失するので慎重に

**Chapter07　集客やファン作りに役立つ公式アカウントを
　　　　　　　はじめよう** …………………………………………… **163**

07-01　公式アカウントとは ……………………………………… **164**
　　　　ブログやメルマガよりも集客・販促ツールとして効果がある

07-02 公式アカウントを作成する ……………………………… **168**
新たにビジネス用のアカウントを作成できる

07-03 スマホのアプリで公式アカウントを使う …………… **172**
パソコンがないときには「公式アカウント」アプリを
活用する

07-04 アカウントを設定する ……………………… **174**
アカウントには画像や住所など商用にふさわしい設定をする

07-05 プロフィールページを作成する ……………………… **178**
プロフィールページは公式アカウント内の
ホームページのようなもの

07-06 会社や店舗情報を設定する ……………………… **184**
会社や店舗情報は大事なのでミスがないように入力する

07-07 認証済みアカウントに申請する …………………… **185**
さらに集客をアップしたいのなら
認証済みアカウントがおすすめ

07-08 友だち追加されたときのメッセージを設定する ………… **186**
いつでも友だち追加されてもよいように設定しておく

07-09 メッセージを受信したときに自動送信する ……………… **188**
休業日や繁忙期に自動で返信できる

Chapter08 公式アカウントで配信しよう ……………………… **191**

08-01 友だち追加のリンクやQRコードを作成する ………… **192**
友だち追加メッセージは定期的に確認しよう

08-02 リンク付きのメッセージを作成する ………………… **194**
カードタイプメッセージとリッチメッセージどちらを使う？

08-03 リンク付きの動画メッセージを作成する ……………… **196**
動画を送信できるリッチビデオメッセージと
ビデオメッセージ

08-04 商品一覧のメッセージを作成する ………………… **198**
表現の幅が広がるカードタイプメッセージを使おう

08-05 クーポンを作成する ……………………… **200**
抽選クーポンの当選率についての考え方

08-06	メッセージを一斉送信する	204
	投稿やメッセージを作る時に心に留めておくこと	
08-07	AI応答メッセージを使う	208
	チャット運用を諦めない！シンプルQ＆Aを使ってみよう！	
08-08	アンケートを取る	210
	リサーチは途中経過を見ることができない	
08-09	トークルームに固定メッセージを表示する	214
	リッチメニューで電話をかけるボタンを設置する方法	
08-10	1対1で会話する	218
	チャット運用ルールを作成しよう	
08-11	タイムラインに投稿する	222
	「いいね」が押されやすいタイムライン記事を作ろう	
08-12	ショップのポイントカードを作成する	225
	LINEキャラクターの取り扱いに注意しよう	
08-13	ユーザーの動向を分析する	230
	売上見込み計算式から目標友だち数を算出しよう	
08-14	公式アカウントをLINEやネットで検索できるようにする	232
	ステータスを計画的に入れよう	
08-15	公式アカウントを複数人で管理する	234
	管理は複数人で行おう	
08-16	複数のアカウントを使う	236
	クローズドな運用なら「未認証アカウント」をあえて選ぶのもアリ	

Chapter09 ビジネスで使えるLINE公式アカウントで効果を上げるコツ 239

09-01	LINE公式アカウント運用の流れ	240
	配信する前にやるべきこと、考えるべきこと	
09-02	LINE公式アカウントで何をするか決めよう	246
	「誰に」、「何をしてほしいのか」考えよう	

09-03 LINE公式アカウントで成功するために
友だちを集めよう ………………………………………… **250**
メッセージ配信やタイムライン投稿よりも重要な、
友だち集めを頑張ろう

09-04 準備が整ったら、早速投稿しよう！ ……………………… **253**
たくさんのコメントやいいねをもらって、
タイムラインをもりあげよう

09-05 情報をメッセージで発信しよう ………………………… **256**
開封率や反応率が高く、効果が高いのが最大の強み

09-06 LINEの醍醐味、チャットでコミュニケーションを
図ろう！ …………………………………………………… **258**
スムーズな顧客対応を促進し、お店とお客さま両者に
メリットがある

09-07 ついやってしまいがちな規約違反や、
運用上の注意点を確認しよう ……………………………… **263**
アカウント停止にならないよう、十分に気をつけること

用語索引 ………………………………………………………… **265**
目的・疑問別索引 ……………………………………………… **268**
著者プロフィール ……………………………………………… **271**
Android端末での操作について ……………………………… **271**

Chapter 01

身近な人と気軽にやりとりするLINEを使ってみよう

この章では、LINEとはどのようなものかを紹介してから基本的な操作を説明します。もし、まだLINEアプリをインストールしていない場合は、解説を見ながら手続きしてください。インストールした後に同僚や家族を登録すれば、すぐに連絡が取れるようになります。すでにLINEを使っている人でも、ホーム画面の画像を設定していなかったり、ステータスメッセージを入力していない人もいるので設定しておきましょう。

そもそもLINEってどんなアプリ？

メッセージのやり取りから音声・ビデオ通話、キャッシュレス決済まで幅広い

今や連絡手段として欠かせないLINEですが、そもそもどのようなアプリなのかをここで説明します。また、LINEでできることも簡単に紹介します。最も使われているのは友だちとメッセージをやり取りする「トーク機能」ですが、それ以外にもたくさんの機能や関連サービスがあるので、必要なものを選んで使うとよいでしょう。

LINEとは

　LINE（ライン）は、友だちや家族と文字や音声でやり取りができるコミュニケーションサービスです。スマホがあれば、いつでもどこでも連絡を取れるので、電話やメールの代替ツールとして若者からお年寄りまで幅広く利用されています。一対一のやり取りだけでなく、学校のクラスやサークル仲間などのグループ単位でのやり取りも可能なので、情報交換ツールとしても最適です。企業や店舗も、LINEを通して新商品やセールの情報、クーポンなどを提供して集客アップを図っています。

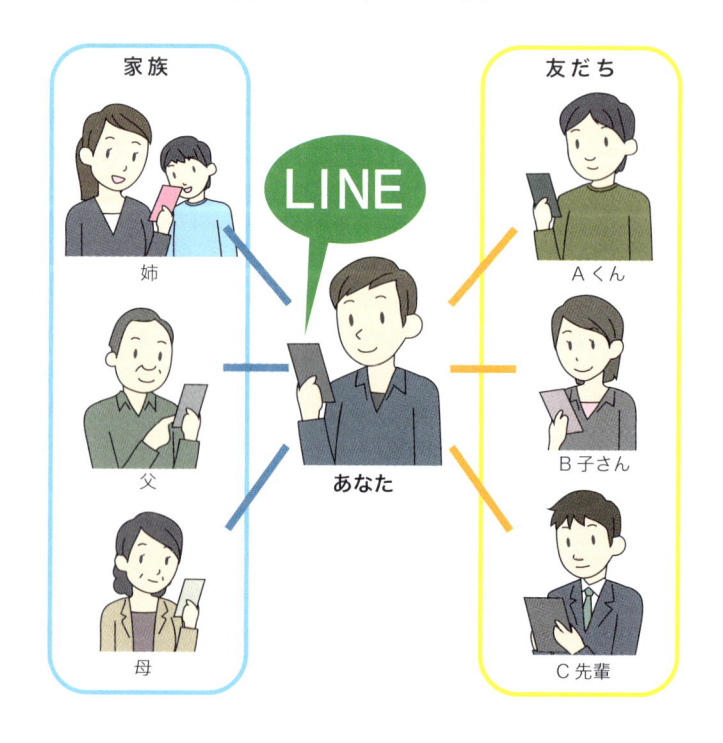

LINEでできること

●メッセージのやり取り

▲友だちや家族とメッセージのやり取りができます。1対1だけでなく、グループを作って複数の人と同時にやり取りすることもできるので、クラスメイトやサークル仲間などと情報交換ができます。

●無料通話

▲登録している友だちや家族と無料で通話することができます。グループ内での一斉通話も可能です。また、テレビ電話のように相手の顔を見ながら通話することもできます。

●タイムライン

▲今日のできごとや日記などを載せて、友だちに近況を知らせることができます。見てくれた人がコメントを付けたり、感情を表す顔のスタンプを押したりしてくれます。

●その他

▲LINEアプリ上で、ニュースや天気予報などをチェックしたり、スマホ決済サービス「LINE Pay」も使えます。さらに、「LINE ギフト」や「LINE Camera」「LINE ゲーム」などLINE関連サービスも豊富にあります。

LINEの利用登録をする

携帯電話番号があれば、短時間で簡単に登録できる

まだLINEを始めていない人は、利用登録が必要です。手続きは短時間でできますが、本人確認のために携帯電話番号が必要なので確認しておきましょう。なお、登録する際に、「友だち自動追加」と「友だちへの追加を許可」の設定がありますが、意外な人とつながってしまうことを防ぐためにオフにしておきましょう。

新規登録をする

1 LINEのアイコンをタップ。

2 「はじめる」をタップ。

3 携帯電話番号を入力し、「→」をタップ（Androidの場合は「次へ」をタップして「確認」をタップ）。

 ONE POINT 格安スマホを使っている場合

　Docomoやau、ソノトバンクなどの携帯キャリアではなく、格安スマホの場合は、SMS（携帯電話番号を使ったショートメッセージ）対応のSIMカードを使っていれば、SMSでコードを受け取れます。

4 SMSで送信する旨のメッセージが表示されたら「送信」をタップ。

5 メッセージアプリに届いた認証番号を入力。

6 LINEで使用する名前を入力し、「→」をタップ。

7 パスワードを2回入力し、「→」をタップ。

8 「友だち自動追加」と「友だちへの追加を許可」のチェックをはずし、「→」をタップ。

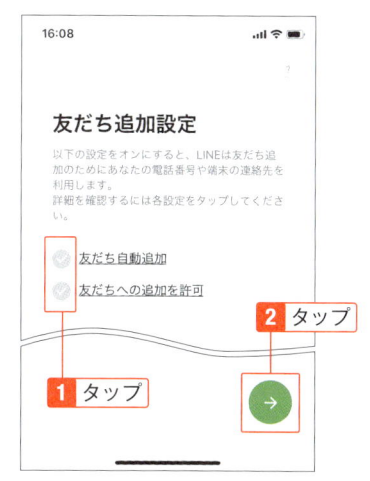

ONE POINT

「友だち自動追加」と「友だちへの追加を許可」

　ここでチェックを付けると、携帯番号に登録している人が自動で友だちに追加されます。やり取りをしたくない人ともつながってしまうので、オフにしておきましょう。なお、後で設定を変更することもできます（SECTION06-04参照）。

01

身近な人と気軽にやりとりするLINEを使ってみよう

9 ここでは「あとで」をタップ。

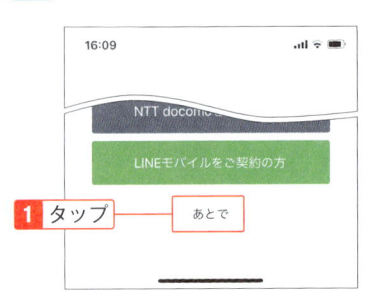

1 タップ

あとで

10 「同意する」をタップ。

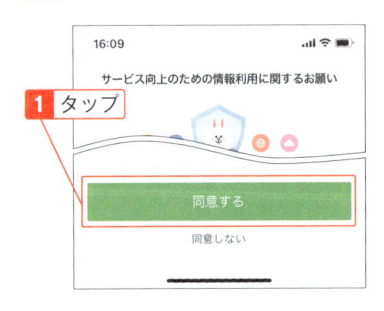

1 タップ

11 2つのチェックをはずし、「OK」をタップする。

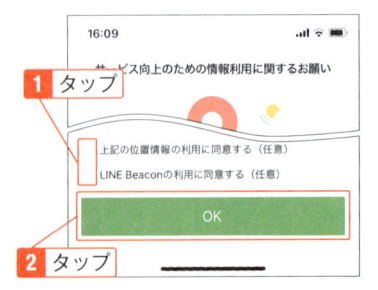

1 タップ

2 タップ

12 LINEの画面が表示された。

Facebookのアカウントで登録する

1 携帯番号を入力する画面の下部にある「Facebookログイン」をタップ。

1 タップ

2 「Facebookログイン」をタップし、「続ける」をタップ。

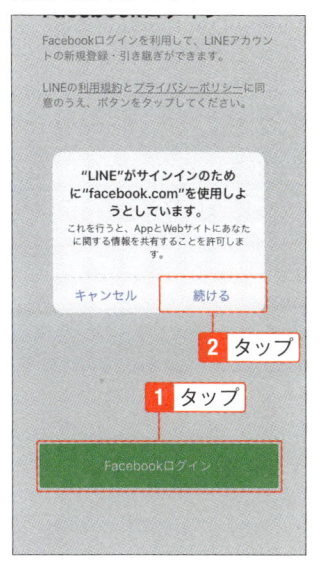

3 Facebookで使っているメールアドレスとパスワードを入力し、「ログイン」をタップ。

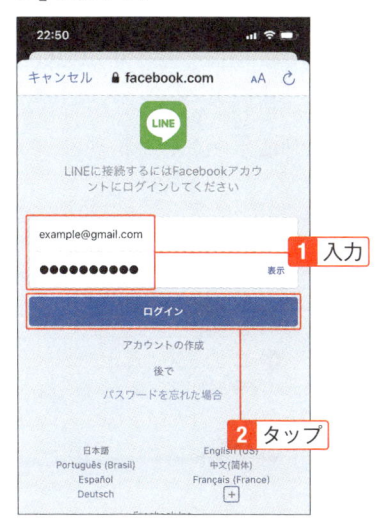

4 「○○としてログイン」をタップ。

5 LINEで使う名前を入力し、「→」をタップ。この後メールアドレスとパスワードを設定する。その後、画面の指示に従って操作する。

> **ONE POINT**
> ### Facebookで登録するときの注意
>
> Facebookでは基本的に本名を使いますが、LINEで本名を使いたくない場合は、手順5の画面で変更してください。なお、「このアプリケーションは利用できません」のメッセージが表示されて先へ進めない場合は、Facebookの設定画面で、「アプリとウェブサイト」→「アプリ・ウェブサイト・ゲーム」がオンになっているか確認してください。

LINEの画面を確認する

LINEの操作の基本になる、ホーム画面を確認しておこう

LINEの画面には、いろいろなボタンやアイコンが表示されています。はじめて開いた人はどこから操作すればよいかわからないでしょう。最初に画面構成をおおまかに把握しておけば、スムーズに操作できるようになります。まずはホーム画面を確認してみましょう。iPhoneとAndroidで若干異なるので両方を説明します。

iPhoneのLINEアプリの画面

❶ ⚙ ：プライバシーや通知などの設定をするときに使う

❷ 👤 ：友だちを追加するときに使う

❸ **検索ボックス**：友だちやニュース、トークなどを検索するときに使う

❹ ストーリーを表示する

❺ 自分のホーム画面を表示する

❻ **友だち**：登録している友だちやグループの一覧を表示する

❼ LINEの各種サービスを開く

❽ 追加した友だちの一覧が表示される

❾ **ホーム**：LINEのトップ画面を表示する

❿ **トーク**：トーク相手を表示する

⓫ **タイムライン**：自分や友だちが投稿したタイムラインを表示する

⓬ **ニュース**：ニュース、天気予報、電車の運行状況などを見ることができる

⓭ **ウォレット**：LINE Payやスタンプショップ、その他のLINE関連サービスを使える

AndroidのLINEアプリの画面

❶ ⚙ ：プライバシーや通知などの設定をするときに使う

❷ ⧉ ：友だちを追加するときに使う

❸ **検索ボックス**：友だちやニュース、トークなどを検索するときに使う

❹ ストーリーを表示する

❺ 自分のホーム画面を表示する

❻ **友だち**：登録している友だちやグループの一覧を表示する

❼ LINEの各種サービスを開く

❽ 追加した友だちの一覧が表示される

❾ **ホーム**：LINEのトップ画面を表示する

❿ **トーク**：トーク相手を表示する

⓫ **タイムライン**：自分や友だちが投稿したタイムラインを表示する

⓬ **ニュース**：ニュース、天気予報、電車の運行状況などを見ることができる

⓭ **ウォレット**：LINE Payやスタンプショップ、その他のLINE関連サービスを使える

LINEからログアウトできるの？

　LINEにログアウト機能はないので、常にログインした状態になります。もし、長期間LINEを使わず、ログインしていたくない場合には、アプリをアンインストールするほかありません。ただしその際、トーク履歴が削除されるので、SECTION06-05の方法でバックアップを取っておきましょう。

01

身近な人と気軽にやりとりするLINEを使ってみよう

プロフィール画像を設定する

自分のアイコンとして表示される。自分の顔写真でなくてもOK

プロフィール画像は、友だちとやり取りするときに表示されるので、LINE上の顔でもあります。自分の顔でなくても、ペットの写真、旅行で撮影した風景、イラストなんでも自由に設定することが可能です。ただし、仕事関係の人ともやり取りする場合は、悪い印象を与えないように気を付けてください。

プロフィール画像を設定する

1 「ホーム」をタップし、名前の部分をタップ。

2 「プロフィール」をタップ。「タイムラインに投稿されます」のメッセージが表示された場合は「OK」をタップ。

3 自分のアイコンの上をタップし、「写真または動画を選択」をタップ。その場で写真を撮る場合は「カメラで撮影」をタップして撮影する。写真へのアクセス許可についての画面が表示された場合は「OK」(Androidの場合は「許可」)をタップ。

4 カメラロール（Androidはアルバ
ム）にある写真を選択。

1 タップ

5 ピンチアウトとピンチインで必要な
部分のみを丸で囲む。できたら「次
へ」をタップ。

1 ピンチイン（ピンチアウト）

2 タップ

6 「完了」をタップ。

1 タップ

7 プロフィール画像を設定した。

1 確認

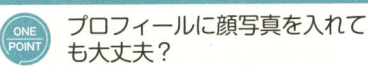

01

> **ONE POINT** プロフィールに顔写真を入れて
> も大丈夫？
>
> 　LINEは基本的に知り合いとだけ使うので、
> 自分の顔を入れても大丈夫です。ただし、それ
> ほど親しくない人ともやり取りする場合や、プ
> ライバシーが気になる場合は、無理に自分の
> 顔写真を入れる必要はありません。また、変顔
> などふざけた写真にして面白くしようとする
> 人もいますが、友だち全員に公開されますの
> で、後悔しそうだと思ったらやめておきましょ
> う。

ホーム画面の背景やひとことを設定する

自分らしさを出せる場所。コメントで近況報告している人も多い

自分の専用ページの画面に背景を設定して、自分らしさを出してみましょう。また、友だちに伝えたいことや独り言を設定することもできます。ただし、友だちだけでなく友だち登録していない人も見ることができるので、個人情報がわかるような画像や文章を入れないようにしましょう。

ホーム画面の背景を設定する

1 「ホーム」をタップし、名前の部分をタップ。

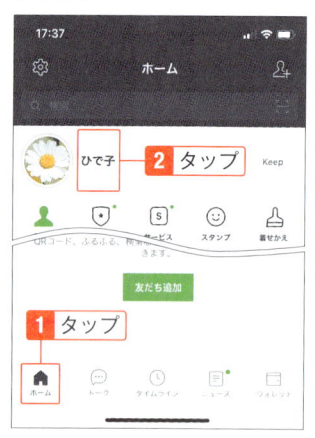

2 「プロフィール」をタップ。

3 プロフィールの設定画面が表示された。カメラのアイコンをタップして写真を選択。

4 ドラッグして見せたい部分のみを囲み、「次へ」をタップ。

5 右下の「完了」をタップ。

1 タップ

ステータスメッセージを設定する

1 「ステータスメッセージ」をタップ。

18:04

プロフィール　　　✕

名前
ひで子

1 タップ

ステータスメッセージ
未設定

ステータスメッセージとは

　ステータスメッセージは、近況やひとこと
を書き込むもので、自分のホーム画面や相手
の友だちリストに表示されます。最大500字
まで入力可能です。

2 メッセージを入力し、「保存」をタッ
プ。

18:09

＜　ステータスメッセージ　　✕

1 入力

11/500

フラワーデザイナーです

保存

2 タップ

3 「✕」(Androidの場合は「＜」)をタッ
プしてプロフィール画面を閉じる

18:09

プロフィール　　　✕

1 タップ

名前
ひで子

ステータスメッセージ
フラワーデザイナーです

電話番号
＋

4 名前の下にメッセージが表示され
た。

ひで子

1 確認

フラワーデザイナーです

プロフィール　　Keep

投稿　　　　写真・動画

友だちを追加する

追加する友だちがその場にいるかどうかなどで、方法を使い分けよう

LINE の友だちとは、やり取りする相手として登録した人のことを言います。親や兄弟、会社の人も、登録すれば「友だち」です。また、企業や店舗も友だち登録することができます。追加方法は複数ありますが、すぐ近くに相手がいるのならスマホを振るかQRコードを読み取って登録できます。

ふるふるで追加する

1 「ホーム」の「友だち」画面で、右上の 👤 をタップ

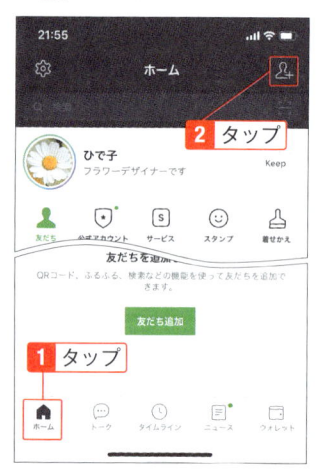

2 「ふるふる」をタップ。

ONE POINT　ふるふるとは

　近くにいる人を友だち登録したいときに、お互いのスマホを振って登録する機能のことです。スマホの位置情報（GPS）を使うため、LINE で位置情報を使えるように設定する必要があります。

　手順2の後にメッセージが表示されるので、「設定」アプリの「プライバシー」→「位置情報サービス」をオンにして「LINE」の「このAppの使用中のみ許可」にチェックを付けて操作してください。

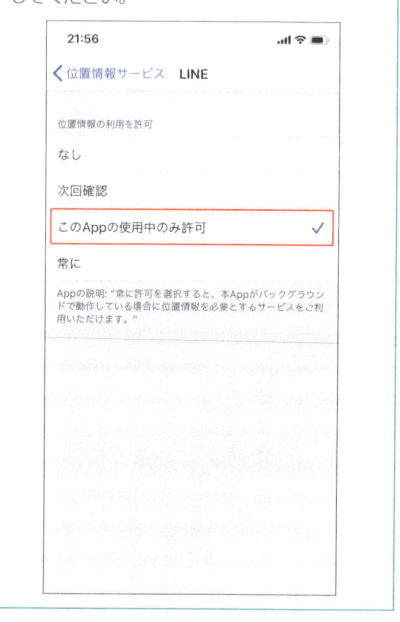

3 位置情報の許可についてのメッセージが表示された場合は「OK」をタップして、本体の位置情報をオンにする。

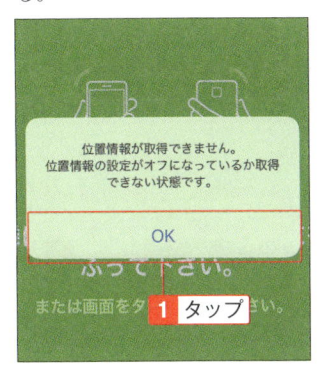

1 タップ

4 近くの人と一緒にスマホを振る。

5 相手が表示されたらタップし、「追加」をタップ。相手にもタップして追加してもらう。

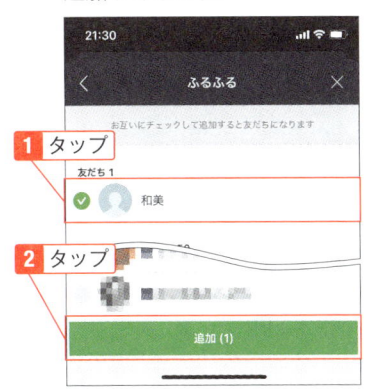

1 タップ

2 タップ

6 「閉じる」をタップ。

1 タップ

7 「×」(Androidの場合は本体の「戻る」ボタン) をタップして「友だち追加」画面を閉じる。

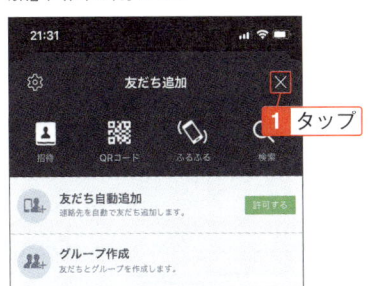

1 タップ

QRコードで追加する

1 「QRコード」をタップ。カメラへの
アクセスについてのメッセージが表
示されたら「OK」をタップ。

2 表示されている白い枠をQRコード
に合わせる。

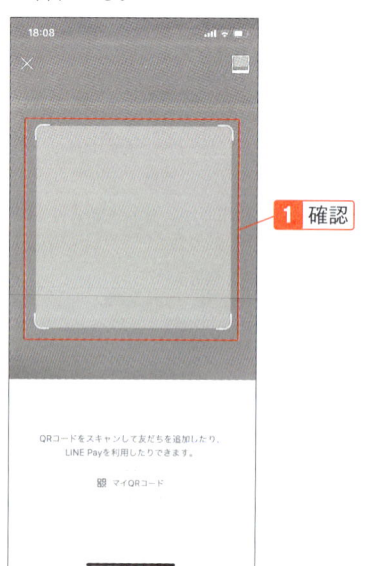

3 読み込めたら、「追加」をタップ。

4 友だちの画面の「知り合いかも？」
に表示されるのでタップして追加し
てもらう。

> **ONE POINT**
> ### 自分のQRコードを
> ### 表示するには
>
> 手順2の画面で、下部にある「マイQRコー
> ド」をタップすると自分のQRコードが表示さ
> れます。友だちに追加してもらう時にはこの
> コードを読み取ってもらいます。
>
>

メールを使って追加する

1 「招待」をタップ。

2 メールで送る場合は「メールアドレス」をタップし、SMS（ショートメッセージ）で送る場合は「SMS」をタップ。連絡先へのアクセスについてのメッセージが表示された場合は「OK」（Androidの場合は「許可」）をタップ。

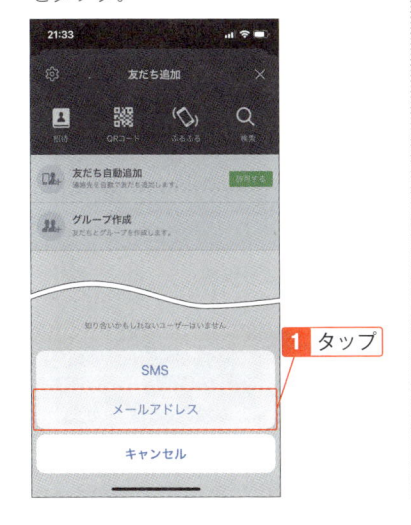

ONE POINT　LINEで連絡先を使うには

スマホに登録している連絡先リストから選んで友だち登録することができます。その場合、「設定」アプリで、連絡先をLINEで使えるように設定する必要があります。iPhoneの場合は「設定」アプリの「LINE」（Androidの場合は「設定」アプリの「アプリと通知」→「LINE」→「許可」）で「連絡先」をオンします。

3 連絡先が表示されるので、「招待」をタップ。

4 メールの作成画面が表示されるので、「送信」をタップ。友だちにはURLとQRコードが送られる。友だちが登録すると友だちリストに表示される。

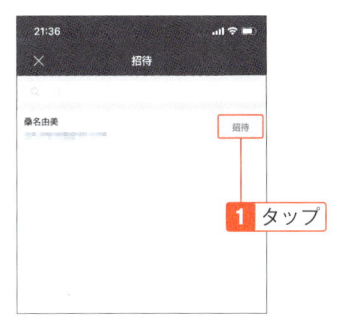

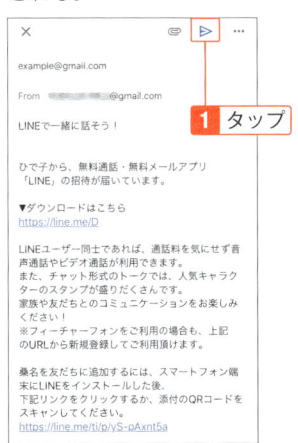

身近な人と気軽にやりとりするLINEを使ってみよう

友だちとトークする

トークルームでやりとりするメッセージは、他の人からは見えない

友だちとして登録できたら、メッセージを送ってみましょう。トークルーム内でやり取りするのですが、他の人には見えないので安心してください。相手がメッセージを読むと「既読」の文字が付き、読んだことがわかるようになっています。また、メッセージが送られて来ると未読数が表示されるのですぐに気づきます。

メッセージを送る

1 「ホーム」をタップし、「友だち」を
タップする。トークの相手をタップ。

2 「トーク」をタップ。

3 トークルームが表示されたら、ボックスをタップし文字を入力。▷ を
タップ。

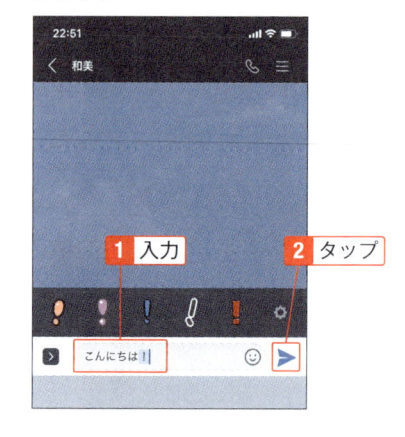

ONE POINT トークとは

友だちとメッセージのやり取りをすることをLINEでは「トーク」と言います。トークしたい相手を選んでトークルームの中でメッセージのやり取りをします。

4 メッセージを送った。

1 確認

メッセージを読む

1 メッセージが送られてくると、「トーク」画面にメッセージの数が表示されるのでタップする。

1 タップ

2 相手からのメッセージは左側に表示される。自分が送ったメッセージには「既読」と表示され相手が読んだことがわかる。

1 確認

ONE POINT 対面でのコミュニケーションと同じ

LINEでは、知り合いとの1対1のトークが多くなります。相手の顔が見えないと、思ったことを何でも書いてしまいがちになり、意図しない一言で、相手を傷つけてしまうこともあるかもしれません。日常生活と同じように、面と向かって言えないことは、LINEでも書かないようにしましょう。

メッセージを削除する

自分の画面から消す方法と、相手の画面からも消す方法がある

人に見られたら困るメッセージや削除したいメッセージもあるでしょう。また、間違えて別の人に送ってしまうこともあるかもしれません。24時間以内なら、相手が読む前に送信を取り消すことができます。ここでは、「自分の画面からメッセージを削除する方法」と「送ったメッセージを取り消す方法」を紹介します。

自分の画面のメッセージを削除する

1 トークルームのメッセージを長押しし、「削除」をタップ

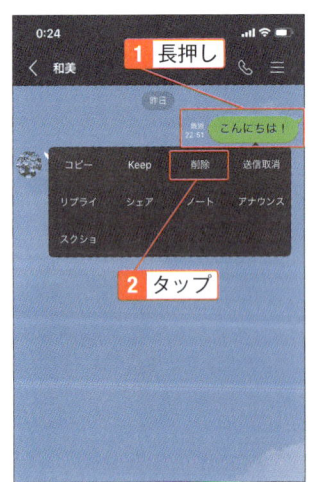

2 削除するメッセージにチェックを付けて、下部の「削除」をタップ。メッセージ画面が表示されたら「削除」をタップ。

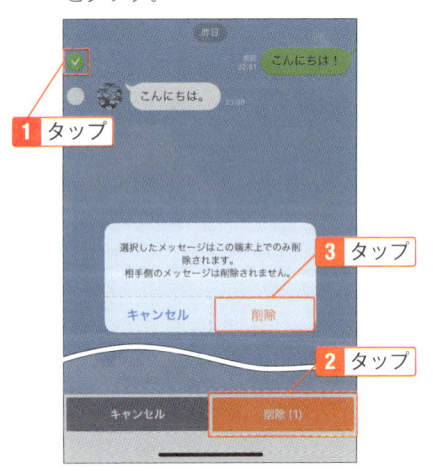

3 メッセージを削除した。

ONE POINT　メッセージの削除

ここでの操作の場合、相手の画面のメッセージは削除されません。相手の画面のメッセージも削除したい場合は、次のページの「送信取消」を選択します。なお、トーク内容すべてを削除したい場合は、「トーク」をタップし、削除する友だちまたはグループを左方向へスワイプ（Androidの場合は長押し）して「削除」をタップします。

送信したメッセージを取り消す

1 メッセージを長押しし、「送信取消」をタップ。

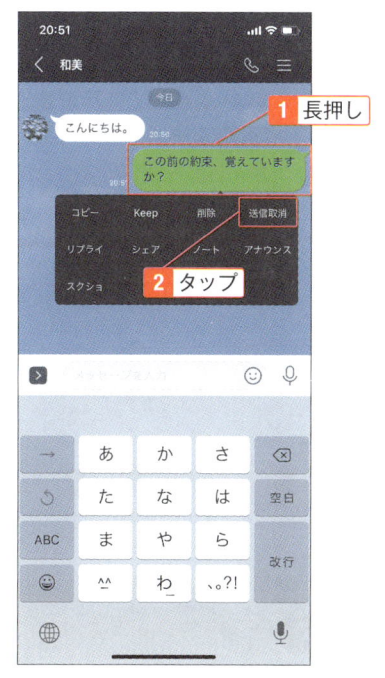

2 「送信取消」をタップ。

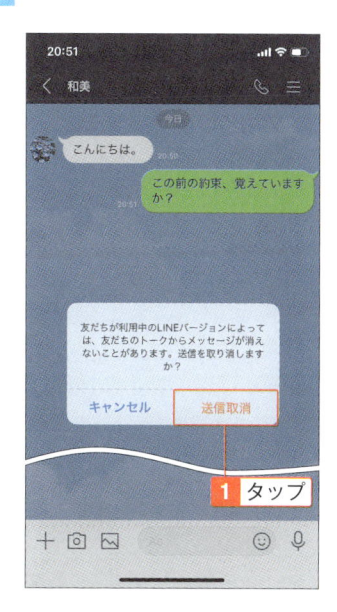

3 送信を取り消すと、「送信を取り消しました」と表示される。

01 身近な人と気軽にやりとりするLINEを使ってみよう

ONE POINT

送信取り消しは相手に気付かれるの？

間違えて別の人に送ってしまったり、送った後に思い直した場合などには、送信を取り消すことができます。ただし、相手側の通知設定によってはホーム画面に表示されて内容を読めてしまうこともあります。また、相手の画面にも「送信を取り消しました」と表示されるので、取り消したことは気づかれます。

気持ちをスタンプで送る

イラストで気持ちを伝えよう。無料と有料のものがあり、種類も豊富

LINEは、文字でのやりとりだけではありません。「スタンプ」を使って気持ちを伝えることができます。無料で使えるスタンプでも十分ですが、有料で使える公式スタンプや一般の人が販売しているクリエイターズスタンプもあります。大人向けのスタンプ、女子向けのスタンプなどたくさんあるので探してみるとよいでしょう。

スタンプを送信する

1 トークルームで下部にある顔アイコンをタップ。

2 スタンプの種類をタップ。はじめて使うスタンプは「ダウンロード」をタップ。左下の をタップして にした場合は絵文字に切り替わる。

3 好きなスタンプをタップ。

4 大きく表示されるので、これで良ければ をタップ。

ONE POINT LINEスタンプの種類

　LINEのスタンプには、はじめから用意されているスタンプの他に、企業などが提供しているスタンプ、クリエイターが提供しているスタンプがあります。無料と有料のスタンプがあり、無料スタンプの場合は、そのスタンプの企業を友だちとして登録することでダウンロードできます。ただし、企業からのメッセージが増えて困るのであれば、スタンプをダウンロードした後にブロックすることもできます（SECTION06-04）。

いろいろな無料スタンプを使う

1 「ウォレット」をタップし、「スタンプショップ」をタップ。

2 「イベント」をタップし、使いたいスタンプをタップ。

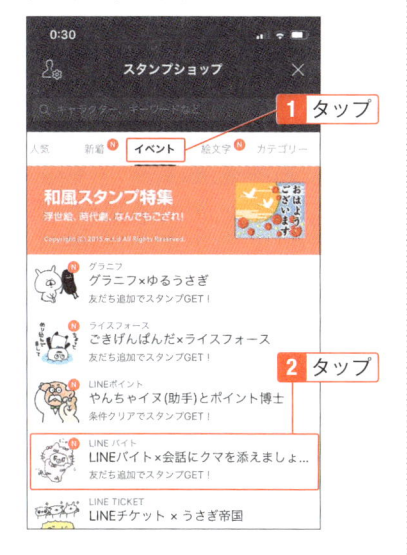

LINEスタンプの「イベント」スタンプとは

企業や店舗が提供しているスタンプです。友だち登録すれば無料でダウンロードできますが、シリアルナンバーを入力したり、動画を視聴したりなどの条件が必要な場合もあります。

3 「友だち追加」をタップ。

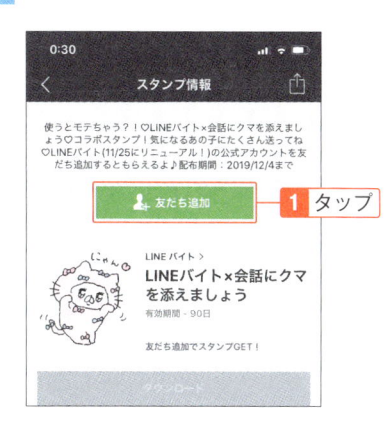

4 「追加」をタップし、「×」(Androidの場合は「<」)をタップ。

6 「ダウンロード」をタップ。

1 スタンプショップの画面で、「人気」を
タップし、欲しいスタンプをタップ。

2 「購入する」をタップ。

3 コインが不足しているとメッセージ
が表示されるので、「OK」(Android
の場合は「確認」) をタップ。

ONE
POINT **LINEスタンプの購入方法**

LNEスタンプは、「LINEコイン」という
LINE上の仮想通貨で支払います。その際、
AppleIDやGoogleアカウントに支払い情報
を設定しておく必要があります。

4 チャージする金額をタップ。

5 「支払い」(Androidの場合は「購入」をタップし、「お支払いオプション」をタップして支払い方法を選択する) をタップ。

6 Apple IDのパスワードを入力し、「サインイン」をタップ。Androidの場合も支払い方法に合わせて操作する。

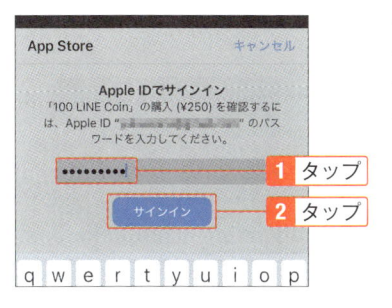

ONE POINT LINEコインをチャージする

スタンプを購入するときにチャージすることもできますが、あらかじめチャージする場合は、「ウォレット」画面の上部に表示されている、コインの残高部分をタップして操作します。なお、LINEコインが不足している場合、LINEポイント (SECTION04-10参照) があれば自動変換して使えます。

7 「購入する」をタップし、「OK」をタップ。

ONE POINT クレジットカードを持っていない場合

クレジットカードを持っていない場合は、LINEストア (https://store.line.me/) から、プリペイドカードや電子決済などで購入する方法もあります。購入したら、LINEの設定画面→「スタンプ」→「マイスタンプ」からダウンロードします。

8 「OK」をタップ。

無料通話やビデオ通話を使う

ハンズフリーや保留、不在着信機能も使えて、テレビ電話にもなる

スマホの電話を使わなくても、LINEに登録している友だちと無料で音声通話をすることができます。また、テレビ電話のように相手の顔を見ながら通話することもできます。もし、車の運転中にかかってきた場合には、「拒否」をタップしておけば、トーク画面の履歴からかけ直すことができます。

無料で通話する

1 「ホーム」の「友だち」画面で、通話したい友だちをタップ

2 「無料通話」をタップ。初めて利用するときはマイクへのアクセス許可の画面が表示されるので「OK」をタップ。

ONE POINT トーク中の相手と通話するには

トークルームの右上にある受話器のアイコンをタップして「無料通話」をタップすると発信できます。

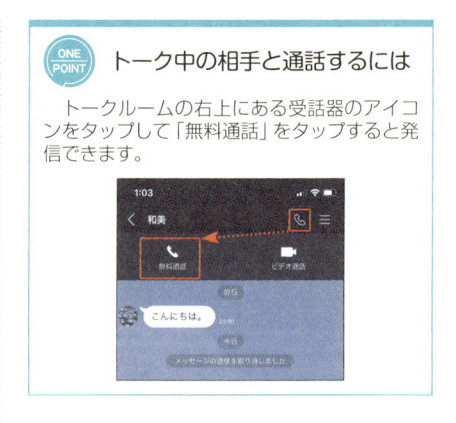

3 発信される。

応答する

1 相手からかかってきたときは「応答」をタップ。車の運転中など通話できないときは「拒否」（Androidの場合は応答  と拒否 ）をタップする。

1 タップ

2 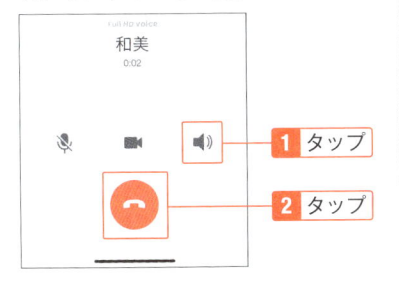 をタップするとスマホを持たずに机の上に置くなどして通話できる。保留にするとき をタップすると相手にこちらの音が伝わらない。終わりにするときは をタップ。

1 タップ

2 タップ

応答できないときは

応答できなかった場合は、トークルームに「不在着信」と表示されます。かけなおすときは、「不在着信」をタップして、「無料通話」をタップすれば発信できます。

ビデオ通話を使う

1 「友だち」画面で、通話したい友だちをタップし、「ビデオ通話」をタップ。

1 タップ

2 発信され、相手が出ると相手の顔が映し出され通話できる。 をタップするとアウトカメラに変えられる。終わりにするときは  をタップ。

画面のデザインを変更する

好きなデザインで楽しく使おう。トークルームごとにも設定できる

LINE を長く使っていると画面にあきてしまうこともあるでしょう。そのようなときにはデザインを変更することができます。背景だけでなく、アイコンやボタンも一括して変更できます。無料のデザインに気に入ったものがなければ、有料のデザインもたくさんあるので探してみてください。

着せ替えを設定する

1 「ホーム」をタップし、「着せ替え」をタップする。好きなデザインをタップする。ここでは、スクロールして下部の「イベント」にある「ブラック」(無料) をタップする。

2 「ダウンロード」をタップする。次の画面で「今すぐ適用する」をタップするとすぐに反映される。

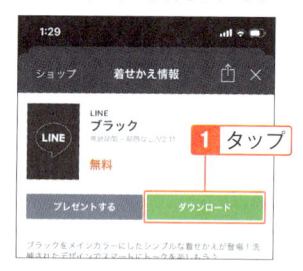

ONE POINT トークルームごとに背景を設定する

トークルームを表示し、右上の ≡ (Android の場合は ∨) をタップして ⚙ →「背景デザイン」で、ルームごとに背景を設定することもできます。自分のトークルーム画面だけの設定なので、好みに合わせて変えられます。

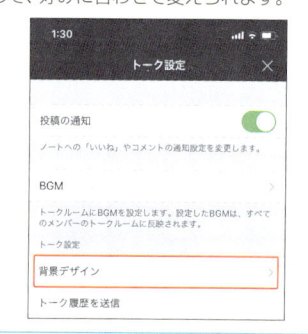

ONE POINT 着せ替えとは

着せ替えを使うと、LINEの背景やアイコン、ボタンなどデザインを一括変更できます。無料のデザインは少ないですが、公式とクリエイターズの有料デザインが豊富に用意されています。なお、設定後、最初のデザインに戻したい場合は、「ホーム」画面の左上にある ⚙ をタップし、「着せ替え」→「マイ着せ替え」→「基本」をタップしてください。

いろんなファイルや
音声も送れるトーク機能を
使いこなそう

LINEのトークは、写真や動画をはじめいろいろなファイルを共有できます。今までメールで送っていたPDFやExcelなどのファイルもLINEで送ることができるので、会話の途中で資料を送ることになってもメールアプリを起動する必要がありません。位置情報や音声を送ることもできるので、待ち合わせ場所の確認や留守番電話としても使えます。この章を参考にして、トーク機能をフルに活用してください。

写真や動画を送る

持っている写真でも、その場で撮影してもOK。文字も入れられる

文字だけでは伝わりにくいことは写真で送りましょう。写真に文字を入力したり、手書きを入れたりしたいときには、他のアプリを開かなくてもトーク画面でできます。また、動画を送ることも簡単です。受け取った人は、写真や動画をダウンロードすることもできるので、ファイルを渡したい時にも役立ちます。

写真を送信する

1 トークルームで下部にある ⊡ をタップ。カメラロールへのアクセスについてメッセージが表示されたら「設定」をタップ。その場で撮影する場合は ⊡ をタップして撮影する。

2 カメラロール（Androidの場合はアルバム）の写真が表示される。上方向へドラッグ（Androidの場合は ⊡ をタップ）。

3 送信する写真をタップ。

4 ✐ をタップすると手書きを入れることができる。▶ をタップ。

5 写真を送信した。

 一度に複数の写真を送るには

手順3の画面で右上の〇をタップすると複数の写真を選択して送信することができます。文字を入れる場合は、選択した写真を再度タップすると編集画面になります。

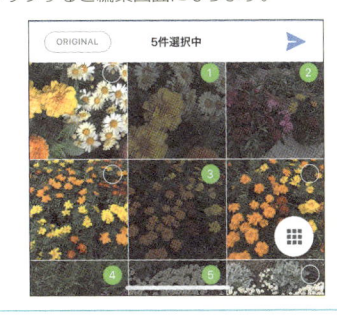

その場で撮影して送信する

1 カメラのアイコンをタップ。

2 「撮影」ボタンをタップ。

3 ▶をタップ。

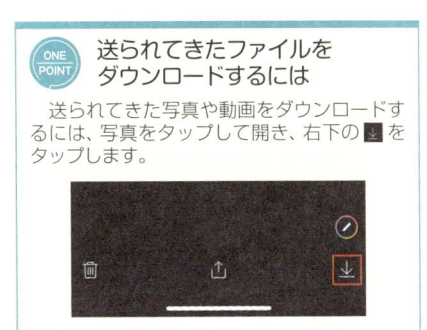

送られてきたファイルをダウンロードするには

送られてきた写真や動画をダウンロードするには、写真をタップして開き、右下の ↓ をタップします。

ExcelやPDFなどのファイルを送る

LINEなら既読がつくので、相手がメッセージを見たかわかって便利

写真や動画だけではなく、PDFファイルやExcelファイルも送ることができます。トークのやり取りをしているときにファイルが必要になったときには、わざわざメールアプリを開く必要がありません。メールの場合、タイムラグが出るときもありますが、LINEならすぐに送信されるので、急ぎで確認したい文書があるときにも役立ちます。

PDFファイルを送信する

1 トークルーム下部の「＋」をタップ。

2 「ファイル」をタップ。

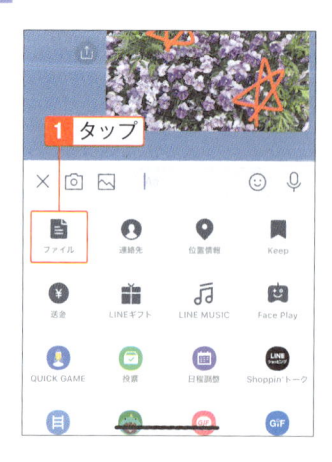

3 下部の「ブラウズ」をタップし、iCloud DriveやDropboxなどファイルが保存されている場所を選択する（Androidの場合は左上の ≡ をタップして場所を選択）。ここでは「このiPhone内」を選択する。

 LINEで送信できるファイル形式

　Excel以外にもWord、PowerPoint、PDF、ZIPなど様々なファイルを送ることができます。

4 ファイルをタップする。

1 タップ

5 「送信」（Androidの場合は「はい」）をタップすると送られる。

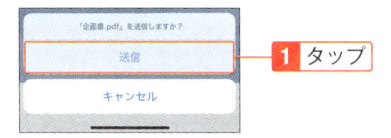

1 タップ

メールに添付されたファイルをLINEで送信する

1 メールで送られてきた添付ファイルをタップして開く（ここではiPhoneのGmailアプリの場合）。

1 タップ

2 📤 をタップし、「LINE」をタップ。一覧にない場合は「その他」をタップして選択する。アクセシビリティ画面が表示された場合は「LINE」をオンにする。（AndroidのGmailの場合は ⋮ をタップし、「コピーを送信」をタップして「LINE」を選択）

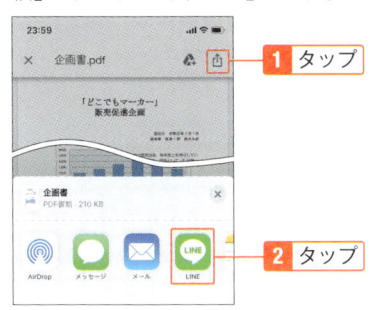

1 タップ

2 タップ

3 送信先をタップして選択し、「共有」をタップ。

2 タップ

1 タップ

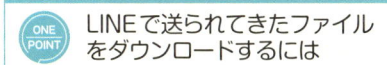

ONE POINT LINEで送られてきたファイルをダウンロードするには

ファイルをタップして開き、📤 をタップしてiCloud DriveやDropboxなどに保存します。Androidの場合はメールに添付されているファイルの下にある ⬇ をタップして保存できます。

位置情報を送る

現在地や目的地を地図で送れるので、待ち合わせなどに便利

友だちと待ち合わせたり、打ち合わせの場所を知らせたりしたいとき、地図を貼り付けなくても、LINE上で位置情報を送って場所を知らせることができます。現在地を知らせることも、指定した場所を知らせることもできますが、現在地の場合はスマホの位置情報サービスをオンにして操作しましょう。

現在地を送る

1 スマホの位置情報をオンにした状態で、トーク画面下部の「＋」をタップ。

2 「位置情報」をタップ。位置情報の許可のメッセージが表示された場合は、「Appの使用中は許可」または「一度だけ許可」をタップする。

3 地図をピンチアウトして拡大することも可能。住所をタップすると送信できる。現在地以外の場所の場合は画面をドラッグしてピンを移動させるか、下部の「検索」ボックスに入力する。

ONE POINT　位置情報を送るには

現在地を送る場合は、端末の位置情報をオンにしてください（「設定」アプリの「プライバシー」→「位置情報サービス」をオン）。さらに手順2の操作の後にLINEが位置情報を使用することを許可する必要があります。「設定」アプリの「LINE」→「位置情報」でも設定できます。

ボイスメッセージを送る

急いでいて文字入力がもどかしい場合や、留守番電話として使える

意外と知られていませんが、自分の声を送ることもできます。長文で文字入力に時間がかかる場合やお祝いの気持ちを伝えたい時などに送ってみましょう。SECTION01-10の無料通話で呼び出したが相手が応答しなかった場合に、留守番電話のようにメッセージを残すといった使い方もできます。

音声を録音して送る

1 トークルームで下部にあるマイクのアイコンをタップ。マイクへのアクセスについてメッセージが表示されたら「設定」をタップしてマイクをオンにする。

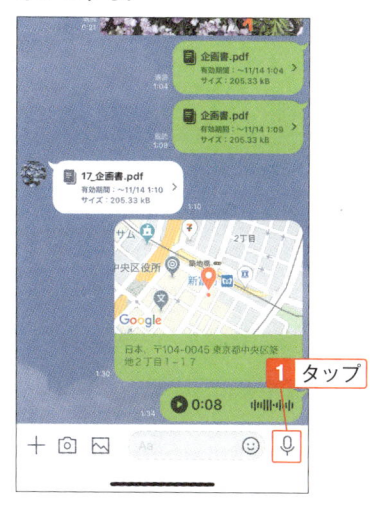

1 タップ

2 中央の「マイク」ボタンを長押しして話しかける。終わったら指を放す。キャンセルする場合は、左右上下のどちらかにスライドさせる。

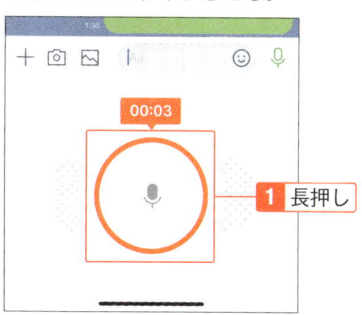

1 長押し

3 音声を送信した。

1 確認

ONE POINT　マイクをオンにする

ボイスメッセージを使うには、スマホ本体のマイクをオンにする必要があります。iPhoneの場合は、「設定」アプリの「LINE」（Androidの場合は、「設定」アプリの「アプリと通知」→「LINE」→「許可」で「マイク」をオンにする）。

写真をアルバムで管理する

写真をまとめておけば、時間が経ったり数が増えてもすぐに見られる

トークで送信した写真は、一定期間が過ぎると削除されます。そのため、以前送った写真を再度見たい時に表示されず困ることがあります。そこで、大事な写真はアルバムに保存しておきましょう。そうすればいつでも見ることができます。写真が大量になってきた場合も、アルバムを使うと探しやすくなります。

アルバムを作成する

1 トークルーム上部の ☰ (Androidの場合は ∨) をタップ。

2 「アルバム」をタップ。

3 右下の「＋」をタップ。

ONE POINT　アルバムとは

アルバムとは、友だちやグループで写真を共有したいときに、写真を保管しておくフォルダーのようなものです。1つのトークに最大100個のアルバムを作成でき、1つのアルバムには1000枚までの写真を登録できます。

4 アルバムに入れる写真をタップし、
（複数選択することも可能）「次へ」
をタップ。

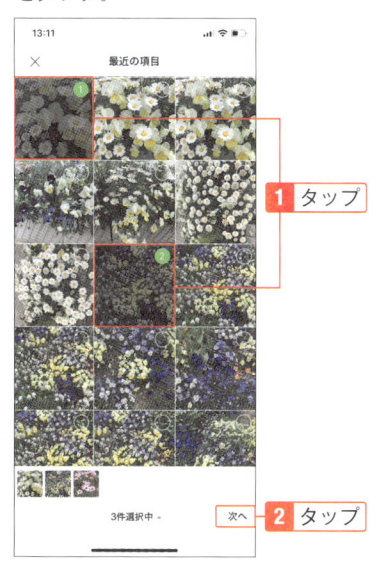

5 アルバム名を入力し、「作成」をタッ
プ。

6 作成したアルバムをタップ。

7 アルバム内の写真が表示される。右
下の「＋」をタップして写真を追加
できる。

 アルバムの写真やアルバム自体を削除するには

手順7の画面で削除したい写真をタップし、右上にある ⋮ をタップ
して「写真を削除」（Androidの場合は「削除」）をタップします。アル
バム自体を削除する場合は、手順6の画面でアルバム右下にある ⋯
をタップし、「アルバムを削除」をタップします。

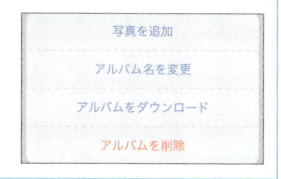

メッセージを画像にして送る

文字も写真も、やりとりをまとめて一つの画像にして送れる

過去にLINEでやり取りした内容を伝えたいとき、文章をコピーして貼り付けるよりも、その画面を画像として送った方が簡単です。iPhoneで使える便利な方法があるので紹介しましょう。スクリーンショットでは画面に表示している部分のみですが、ここで紹介する方法を使えば、会話の一部始終を画像にすることができます。

トークスクショを使う

1 画像にしたいメッセージを長押しし、「スクショ」をタップ。

2 先頭のメッセージが明るくなった。

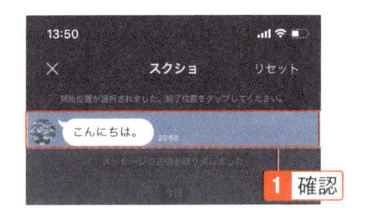

3 最終のメッセージをタップ。画像にする部分が明るくなっていることを確認し、「スクショ」をタップ。

 ONE POINT トークスクショとは

スマホの画面を画像にできるスクリーンショットでは、画面に表示されている部分のみとなりますが、トークスクショを使うと画面に収まっていない部分も画像にできます。ただし、iOSのみでAndroidでは使えません。

ONE POINT アイコンや名前を隠して送るには

手順3の画面で下部にある「情報を隠す」をタップすると、やり取りしている人のアイコンや名前を隠すことができます。

---

4 ![img]をタップ。スマホに保存する場合は右下の ![img]をタップ。

1 タップ

---

5 友だちやグループを選択し、「共有」をタップ。

1 タップ

2 タップ

---

6 メッセージを画像として送信した。

1 確認

友だちに別の友だちを紹介する

友だち追加されたくない場合もあるので、紹介相手の了解を得よう

SECTION01-06で友だちを追加する方法を説明しましたが、友だちを紹介してもらうことで追加することもできます。友だち以外にも企業やお店などの公式アカウントをおすすめしたいときにも使えます。ここでは友だちを紹介する方法と、紹介してもらった友だちを追加する方法を説明します。

友だちを紹介する

1 友だちとのトークルームを表示し、下部の「＋」をタップ。

1 タップ

2 「連絡先」をタップ。

1 タップ

3 「LINE友だちから選択」をタップ。

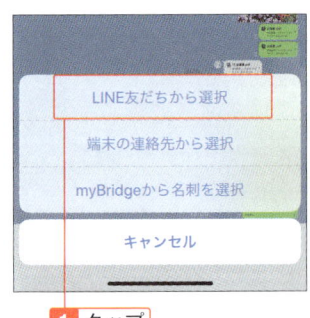

1 タップ

ONE POINT　友だちを紹介する

SECTION01-06で友だちの追加方法を説明しましたが、ここでの方法を使うと素早く追加できます。ただし、勝手に友だちに紹介されると困る人もいるので、よく考えてから紹介するようにしましょう。

4 紹介する友だちをタップし、「送信」（Androidの場合は「シェア」）をタップ。

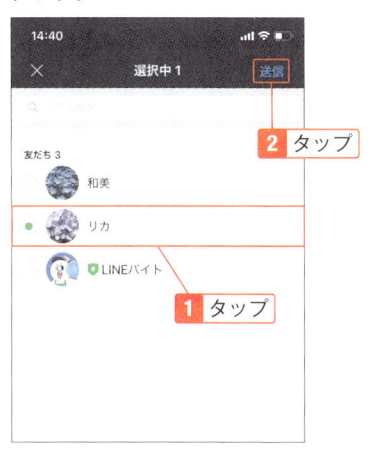

5 紹介した。

紹介してもらった友だちを追加する

1 紹介してもらった友だちをタップ。

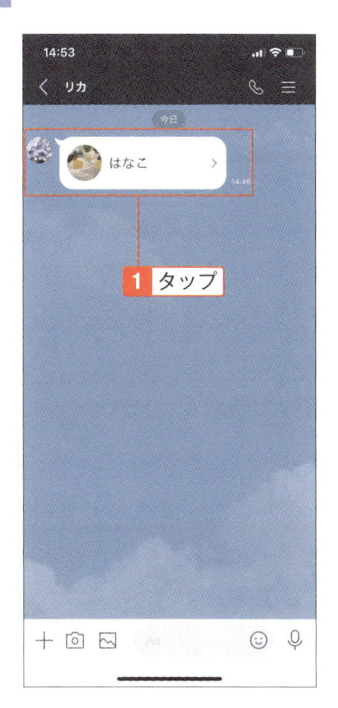

2 「追加」をタップ。

いろんなファイルや音声も送れるトーク機能を使いこなそう

複数の人とやり取りする

グループに後から参加したい友だちも、招待すれば追加できる

LINEは、1対1のやり取りだけではありません。同時に複数の人とやり取りができるので、友だち同士でおしゃべりしたり、仲間内で意見を出し合ったりができます。アルバムやノートを共有すれば、さらに幅広く活用ができます。後から参加したい友だちがいる場合は、グループに招待して追加することも可能です。

グループを作成する

1 「ホーム」の「友だち」をタップし、「グループ作成」をタップ。

2 グループに入れる人をタップし、「次へ」をタップ。

3 グループ名を入力し、「作成」をタップ。

ONE POINT 一時的に複数人とトークする

グループを作らないで、一時的に複数人とトークする方法もあります。トーク画面の右上にある ☰ をタップし、「招待」をタップします。その後友だちを選択し「招待」をタップします。（Androidの場合は ∨ をタップして友だちを選択し、「トーク」）。ただし、この場合はグループと違ってノートやアルバムが使えません。

友だちをグループに追加する

1 グループのトーク画面で右上の ≡ を
タップし、「メンバー・招待」(Android
の場合は ∨ をタップして「招待」)
をタップ。

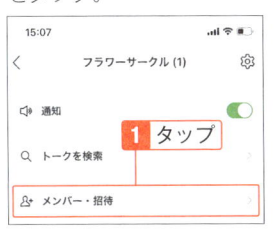

2 「友だちの招待」をタップ。

3 グループに入れたい人をタップし、
「友だちの招待 (Androidの場合は
「招待」)」をタップ。

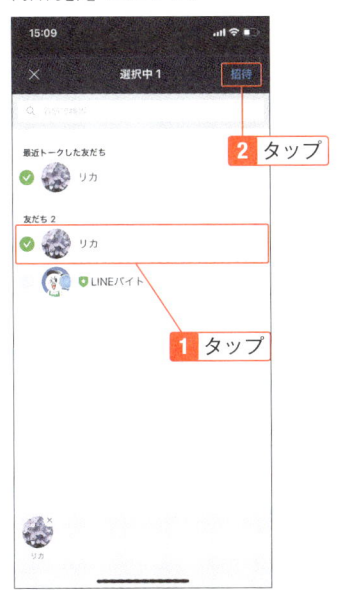

いろんなファイルや音声も送れるトーク機能を使いこなそう

グループに参加する

1 グループに招待されると、「友だち」
画面の「招待されているグループ」
に表示されるので、タップ。

2 グループに入る場合は「参加」を
タップ。入らない場合は「拒否」を
タップ。

メッセージや写真を友だちと共有する

ノートを使うと、メッセージや動画、スタンプなども保存しておける

SECTION02-05では、写真を保存するアルバムを紹介しましたが、トークでやり取りしたメッセージや動画、スタンプ、位置情報などを保存しておきたい場合はノートを使います。途中からグループに参加した人でも、ノートにあるものは見られるので、再度送ってもらったり、話の内容がわからなくなったりといったことがなくなります。

メッセージをノートに保存する

1 トークルーム右上の ☰ (Androidの場合は ▣) をタップし、「ノート」をタップ。

2 「+」をタップ。

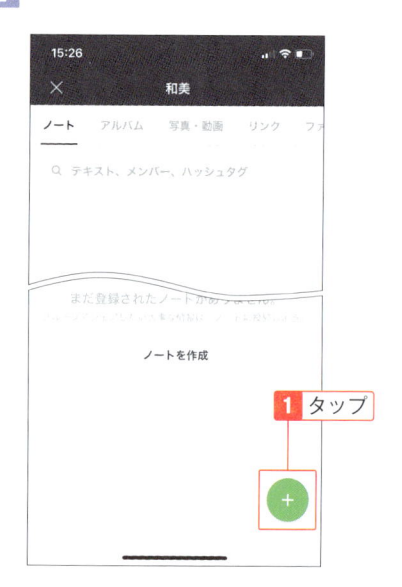

3 「投稿」をタップ。

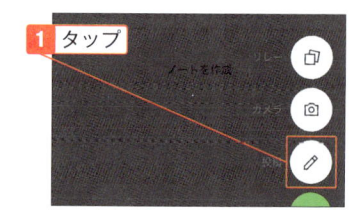

> **ONE POINT　ノートとは**
>
> メッセージや写真、動画などを保存してトーク相手と共有できる機能です。特に、複数人のグループ○○○クの場合は、メッセージが埋もれてしまうことがよくあるので、大事な情報をノートに保存しておくと便利です。

4 文字を入力し、「投稿」をタップ。

ONE POINT メッセージをノートに保存するには

トークルームのメッセージや画像をノートに保存することもできます。トークルームで、メッセージを長押しし、「ノート」（Androidの場合は「ノートに保存」）をタップします。保存するメッセージや画像にチェックを付けて、「ノート」をタップし、「投稿」をタップします。

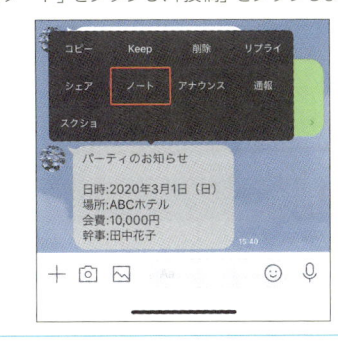

ONE POINT リレーとは

手順3の画面にある「リレー」を使うと、複数の人でタイムラインを作成・共有することができます。ただし、全体公開にしていると友だち以外も見られるので、内容を考えて公開設定をするようにしてください。

ノートを見る

1 トークルーム右上の ☰ （Androidの場合は ▤ ）をタップし、「ノート」をタップ。

2 ノートの一覧が表示され、タップして開ける。

ONE POINT ノートはタイムラインにも表示される

トークルームで保存したノートは、タイムラインにも表示され、そのトークルームに参加している人は見ることができます。そのトークルームに参加していない人には見られません。

02

いろんなファイルや音声も送れるトーク機能を使いこなそう

メッセージや写真を自分用に保存する

自分だけが見たいデータの保存にはKeep。ストレージ感覚で使える

SECTION02-09の「ノート」は、トークルームにいる人と共有しているので、他の人も見ることができます。自分だけのデータとして保存しておきたいときには、ここで紹介する「Keep」を使います。パソコンで使いたいファイルをKeepに保存しておき、パソコン版LINEでダウンロードしてパソコンに取り込むといった便利な使い方もあります。

メッセージをKeepする

1 メッセージや画像を長押しし、「Keep」(Androidの場合は「Keepに保存」)をタップ。

2 保存したいメッセージや画像をタップし、「保存」(Androidの場合は「Keep」)をタップ。

ONE POINT　Keepとは

トークルームのやり取りで、メッセージや写真、PDFファイルなどを保存できる機能です。ノートは、参加者全員が見られますが、Keepは自分のLINEに保存されるので、他の人に見られることがありません。

ONE POINT　Keepに保存できる容量

Keepに保存できる容量は1GBで、保存期間は無制限（1ファイルが50MBを超える場合にのみ保存期間が30日間）です。

Keepしたメッセージや画像を見る

1 「ホーム」の「友だち」をタップし、「Keep」をタップ。

2 保存したメッセージや画像の一覧が表示される。

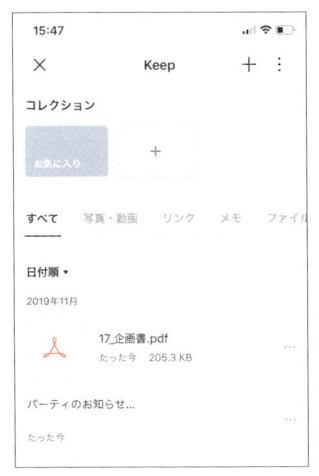

3 上部のタブで写真やテキスト、ファイルに切り替えられる。

ONE POINT Keepに保存したメッセージを削除するには

手順2の画面で、削除したいメッセージの右にある□をタップし、「削除」をタップし、再度「削除」をタップします。

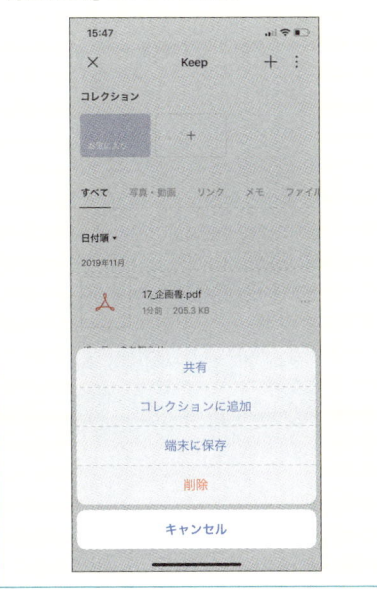

02

いろんなファイルや音声も送れるトーク機能を使いこなそう

パソコンでLINEを使う

スマホとパソコン、同時に両方使うこともできる

スマホでLINEを使っているのなら、パソコンでも使うことができます。パソコン用の
LINEアプリをインストールする必要がありますが、LINEに送られてきたPDFファイル
やOfficeファイルをパソコンで使いたい時に簡単にダウンロードできるので便利です。
写真も大きな画面で見ることができます。

PC版のLINEにログインする

1 LINEのダウンロードページ（https://
line.me/ja/download）にアクセスす
る。「Windows版をダウンロード」を
クリックしてダウンロードし、パソコ
ンにインストールする。

 LINEのPC版でログインするには

　PC版のログイン方法は、「メールアドレスとパスワードを入力する方
法」と「QRコードを使う方法」があります。メールアドレスでログイン
する場合は、LINEアプリの「ホーム」画面の⚙→「アカウント」→「メー
ルアドレス」でメールアドレスを設定してください。設定後、本人確認の
メールが送られてくるのでリンクをタップします。

2 パソコンでLINEを
起動する。LINEに
設定しているメー
ルアドレス（ONE
POINT参照）と、
SECTION01-02で
設定したパスワード
を入力し「ログイ
ン」をクリック。

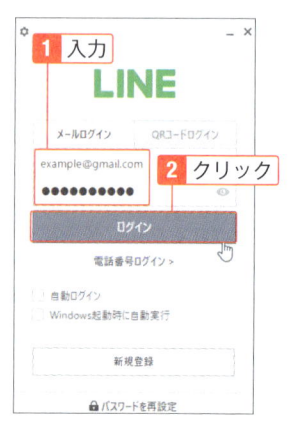

3 認証番号が表示された。

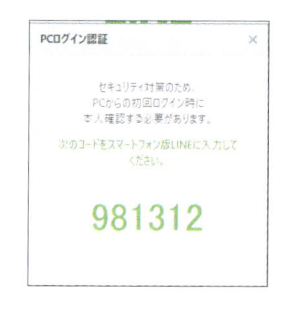

4 スマホのLINEに「本人確認」の画面が表示されるので数字を入力し、「本人確認」をタップし、「OK」をタップ。

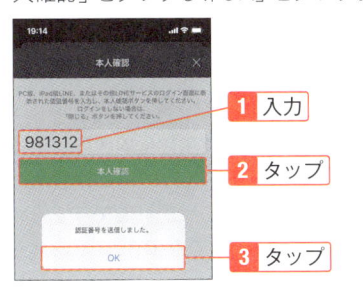

1 入力

981312

2 タップ

3 タップ

5 パソコンでLINEを使えるようになった。

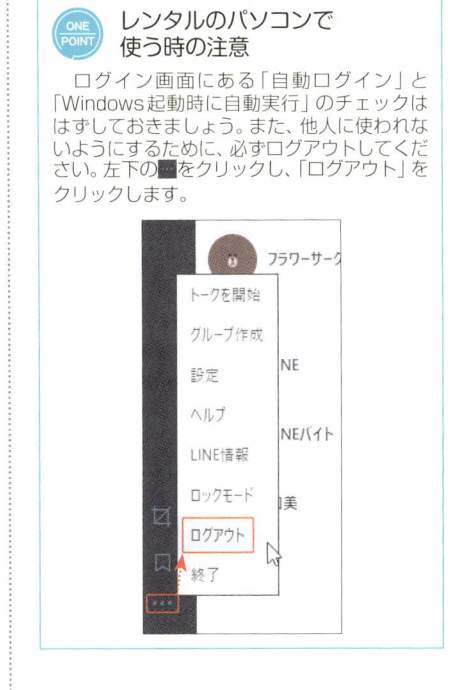

ONE POINT レンタルのパソコンで使う時の注意

　ログイン画面にある「自動ログイン」と「Windows起動時に自動実行」のチェックははずしておきましょう。また、他人に使われないいようにするために、必ずログアウトしてください。左下の ··· をクリックし、「ログアウト」をクリックします。

02

QRコードでログインする

1 前ページ手順2の画面で「QRコードログイン」タブをクリックし、SECTION01-06のQRコードで友達を追加するときと同様にバーコードを読み取る。

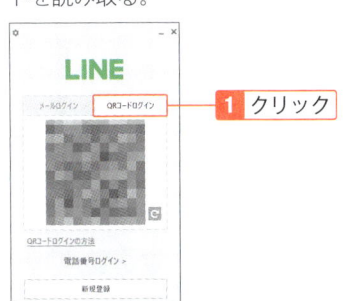

1 クリック

2 スマホ画面に「ログインしますか?」と表示されるので、「ログイン」をタップ。

1 タップ

オープンチャットを使う

最大5000人！匿名でいろんなテーマの公開チャットに参加できる

オープンチャットは不特定多数の人とやり取りできる機能で、2019年8月に追加された新機能です。これまでのLINEは、友だちとして登録している人とのみのやり取りでしたが、オープンチャットは友だち以外の人ともやり取りすることが可能です。好きなスポーツチームや有名人のファンなど共通の話題を楽しむことができます。

オープンチャットのトークルームを作成する

1 「ホーム」の「友だち」をタップし、「オープンチャット」をタップ。

2 好きなチャットを選択して参加できる。ここでは 回 をタップ。

 オープンチャットとは

　友だち以外の人ともやり取りできる機能で、誰でも参加できるように公開設定にすることも、非公開にして特定の人だけでやり取りすることもできます。トークルームごとにプロフィールを設定でき、最大5000人まで参加可能です。途中から参加した人も遡って内容を読むことができるのも特徴の一つです。

3 アイコンを変更する場合は、タップして指定する。オープンチャット名と説明を入力する。他のユーザーがオープンチャットを検索できないようにする場合は「検索を許可」をオフにする。「次へ」をタップ。

4 オープンチャットで使用するニックネームを入力し、「完了」をタップ。

5 ≡（Androidの場合は ∨ ）をタップ。

6 「招待」をタップし、「友だちを招待」をタップ。

7 招待する友だちをタップし、「招待」をタップする。

02

いろんなファイルや音声も送れるトーク機能を使いこなそう

オープンチャットを共同管理する

1 トーク画面の ☰ (Androidの場合は ⌄) をタップ。

2 「設定」をタップ。

3 「メンバー管理」をタップ。

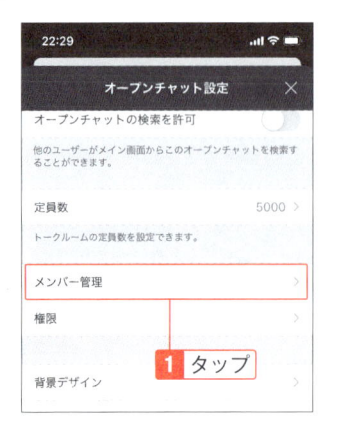

4 「共同管理者を設定」をタップ。

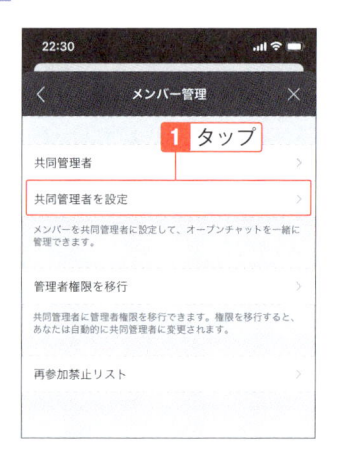

5 管理者にする人の「追加」をタップ。

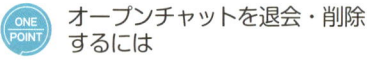

> **ONE POINT**
>
> ### オープンチャットを退会・削除するには
>
> 　手順2の下部にある「オープンチャットを退会」をタップし、「トークを退会」(Androidの場合は「退会」をタップして「はい」)をタップすると退会できます。また、チャット作成者がオープンチャット自体を削除する場合は手順3の画面で「オープンチャットを削除」をタップして「削除する」(Androidの場合は「はい」)をタップします。

投稿やいいね！で交流できる
タイムラインを使おう

LINEは、トークでの会話だけではありません。タイムラインという投稿スペースを使って近況を伝えたり、思ったことを書いたりすることができます。投稿を見た人たちはいいねやコメントを付けてくれるので、より一層交流を深めることができるでしょう。また、タイムラインに載せるほどではない些細な内容なら、ストーリーという機能もあるので活用してください。

友だちの投稿にいいねや
コメントを付ける

タイムラインで、友だちの近況やさまざまな情報を得ることができる

LINEでは、タイムラインという投稿スペースを使って友だちと交流することもできます。今見ている景色や今食べているスイーツなどを写真付きで投稿したり、思ったことを綴ってみたりすると、それを見た友だちはいいね！やコメントを付けてくれます。まずは友だちの投稿を見て、いいねやコメントを付けてみましょう。

いいねを付ける

1 「ホーム」の「友だち」画面で友だちをタップ。

2 友だちのホーム画面が表示される。「投稿」をタップするかスクロールすると投稿を読める。

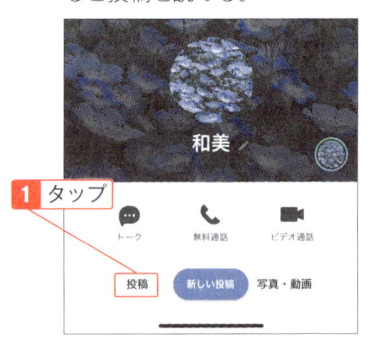

3 いいねを付けたい投稿の 😊 をタップすると標準のスタンプが付く。ここでは長押しする。

ONE POINT　タイムラインとは

タイムラインは、日記のように好きなことを書いたり、写真を載せたりできる機能です。友だちが自分のタイムラインに投稿したら自分のタイムラインに表示され、いいねやコメントを付けて交流を深めることができます。ただし、相手が非公開の設定をしている場合は見ることができません。

4 6種類から選んでタップ。

チューリップが咲いています。
× タイムラインにシェア ✓
22分前

1 タップ

5 いいねを付けた。再度スタンプを
タップすると削除できる。変更する
場合は別の種類をタップする。

和美 ⋯

チューリップが咲いています。
😊 💬 ⬆ 🐹1
22分前

1 確認

コメントを付ける

1 💬をタップ。

和美 ⋯

チューリップが咲いています。
😊 💬 ⬆ 🐹1
22分前

1 タップ

2 コメントを入力し、「送信」(Android
の場合は ▶) をタップ。

いいね 1

1 入力

2 タップ

📷 😊 🗨 綺麗ですね❗ 送信
さん ちゃん の に を が は ∨

3 コメントを付けた。タップするとコ
メントを見ることができる。

投稿 写真・動画
和美 ⋯

チューリップが咲いています。
😊 💬 ⬆ 🐹1
コメント 1
23分前

1 タップ

ONE POINT コメントを削除するには

　コメントをタップして開き、左方向へスライ
ド (Androidの場合は長押し) して、「削除」を
タップします。

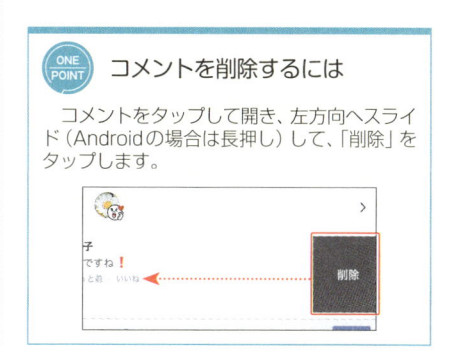

子
ですね❗
と君 いいね 削除

69

近況を報告する

他のSNSと同様に、文章だけでなく写真や動画も投稿できる

タイムラインは、日記のようにも使えます。1万文字まで入力できるので、長文でも大丈夫です。また、文章と一緒に写真や動画を入れることも可能です。さらに、スライドショーや音楽なども入れることができるので、自分だけでなく、見てくれた人にも楽しんでもらえる投稿ができます。

タイムラインを使う

1 「タイムライン」をタップして、 ● をタップ。

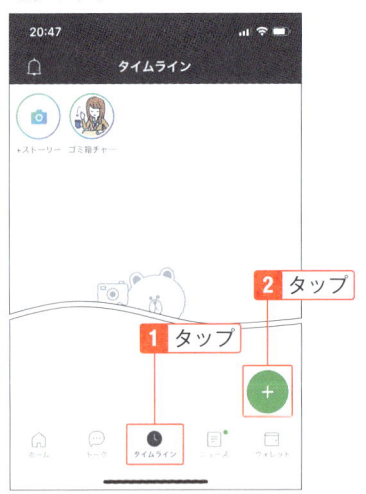

2 「投稿」をタップ。

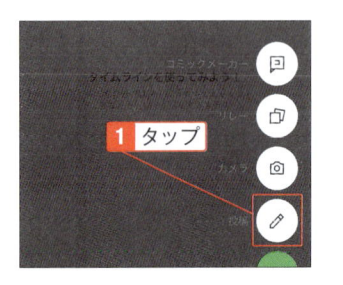

3 現在の公開範囲が表示されているので、「全体公開」になっていることを確認。

ONE POINT 投稿を見られたくない

手順3の画面で「全体公開」にしていると、それを見た友だちがシェアした場合、友だち以外の人も見ることができてしまいます。友だちに登録している人だけや特定の人だけに見せる方法はSECTION03-03で説明します。

4 「今なにしてる？」に文字を入力。

5 写真を入れる場合は🖼️をタップ。

7 タイムラインに投稿した。

6 写真を選択し、「投稿」をタップ。

ONE POINT スライドショーや音楽などを投稿するには

　手順5の画面で、⋯ をタップすると、「コミックメーカー」や「GIF」「スライドショー」「音楽」などを選択して投稿することができます。コミックメーカーはマンガの吹き出しに好きな言葉を入力して投稿できる機能です。

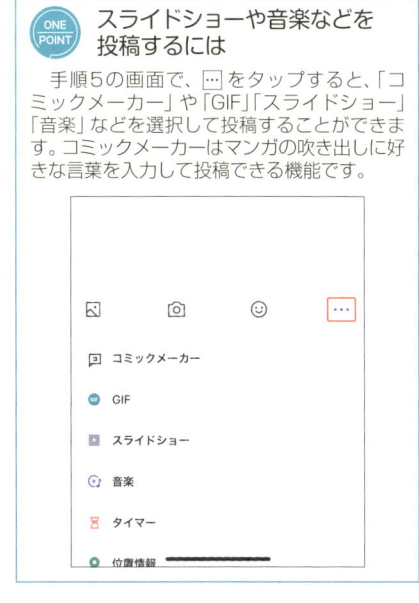

特定の人だけに投稿を見せる

公開範囲を選択できるので、特定の友だちのみに見せられる

公開範囲を「全体公開」にしていると、友だちになっていない人にも見られます。たとえば、投稿を見た友だちがシェアした場合には、他の人も見ることができてしまうのです。他の人に見られないようにするには、公開設定を「友だち」にします。仕事関係で困らないように公開範囲をよく確認した上で投稿するようにしましょう。

特定の人に見せないようにする

■1 SECTION03-02の手順3の画面で「全体公開」をタップ。

■2 「友だち」の「>」をタップ。

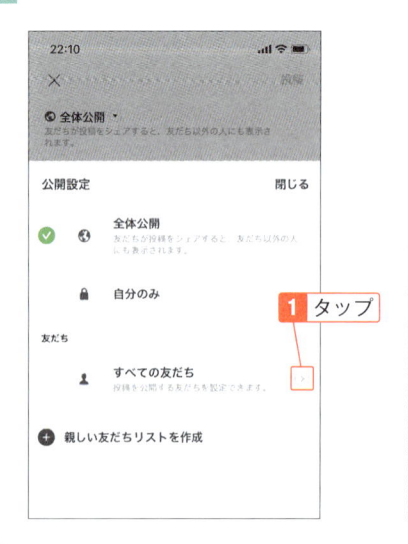

■3 「公開」タブに表示されている友だちだけが見られる。見せたくない人は「非公開」をタップ。「×」をタップ。

追加した友だちが投稿を見られないようにする

「ホーム」の ⚙ をタップし、「タイムライン」をタップした画面で「新しい友だちに自動公開」がオン（緑色）になっていると、新しく友だちになった人は投稿を見られます。友だち全員に見せたくない場合は、「新しい友だちに自動公開」をオフにしておきましょう。

1 「親しい友だちリストを作成」をタップ。

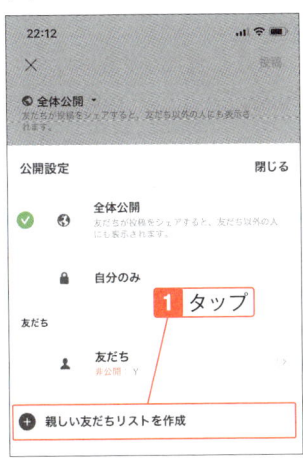

2 「友だち」タブから投稿を見せたい人をタップし、「次へ」をタップ。

3 わかりやすいリスト名を入力して「保存」をタップ。

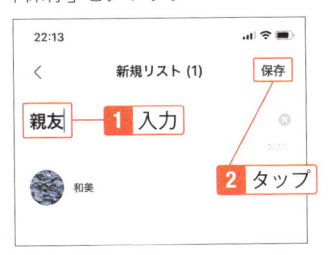

4 作成したリスト名をタップし、「閉じる」(Androidの場合は「確認」)をタップ。

5 公開範囲が作成したリスト名になっていることを確認して投稿する。

 ONE POINT 投稿を閲覧できる友だちを確認するには

「ホーム」をタップし、⚙ をタップします。「タイムライン」をタップし、「友だちの公開設定」をタップすると確認できます。

投稿やいいね！で交流できるタイムラインを使おう **03**

73

投稿を編集・削除する

入力をミスしたり、写真を間違えてしまっても修正できる

投稿した後、誤字が見つかったり、別の写真を載せてしまったりなどミスが見つかることがあります。そのような場合、簡単に修正することができます。また、投稿を取り消したいときには投稿自体を削除することも可能です。ただし、削除すると、投稿に付いたコメントやいいねが消えてしまうので慎重に操作してください。

投稿を編集する

1 「ホーム」の「友だち」をタップし、自分の名前の部分をタップ。

2 「投稿」をタップ。

3 編集したい投稿の … をタップし、「投稿を修正」をタップ。公開範囲を変更する場合は、この画面で「公開設定を変更」をタップ。

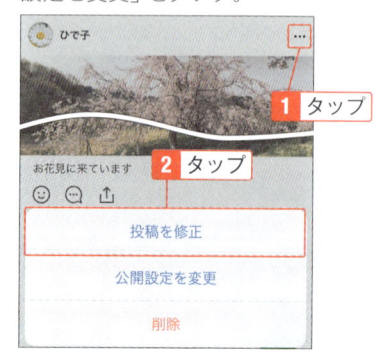

ONE POINT 自分の投稿を探すには

「タイムライン」の画面には他の人の投稿もあります。すぐに自分の投稿が見つからない場合は解説の方法で表示してください。

4 修正して「投稿」をタップ。

1 タップ

5 修正できた。

ONE POINT 投稿した写真を削除するには

　間違えて別の写真を投稿してしまった場合などは、手順4の画面で写真の右上にある「×」をタップして削除できます。

投稿を削除する

1 削除したい投稿の ⋯ をタップし、「削除」(Androidの場合は「投稿を削除」)をタップ。

2 「OK」(Androidの場合は「削除」)をタップすると削除される。

1 タップ

友だちの投稿を
自分のタイムラインに載せないようにする

興味のない投稿は非表示にできる。相手には伝わらないので安心

友だちがタイムラインを投稿すると、自分のタイムラインに表示されます。そのため、見たくない投稿を目にしたり、同一人物の投稿で埋め尽くされたりすることがあります。そのようなときは非表示にしましょう。非表示にしていることは相手には伝わらないので安心してください。

非表示の設定をする

|1| 画面下部メニューの「タイムライン」をタップ。友だちの名前の右端にある「…」をタップし、「〇〇の投稿をすべて非表示」をタップ。

|2| 「非表示」をタップ。

ONE POINT 非表示を解除するには

　相手の投稿を非表示にすると、過去の投稿もタイムラインから削除されます。タイムラインに載るようにしたい場合は、「ホーム」画面の ⚙ →「タイムライン」→「タイムライン非表示リスト」をタップし、解除する人の「非表示解除」をタップします。過去の投稿は表示されないので相手のホーム画面で閲覧してください。

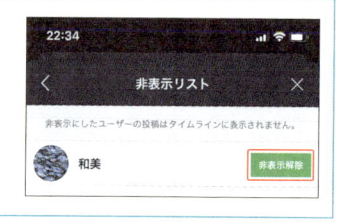

タイムラインを新着順に表示する

最新情報を見たい場合と話題の情報を見たい場合で使い分けよう

初期の設定では、タイムラインは人気順に表示されます。いいねがたくさんついている投稿やおすすめの投稿を優先して見ることができるので、いち早く話題の情報をキャッチできます。ですが、もし新着順に読みたい場合や常に最新の投稿を読みたい場合は設定を変更する必要があります。

「人気投稿をトップに表示」をオフにする

1 「ホーム」の ⚙ をタップ。

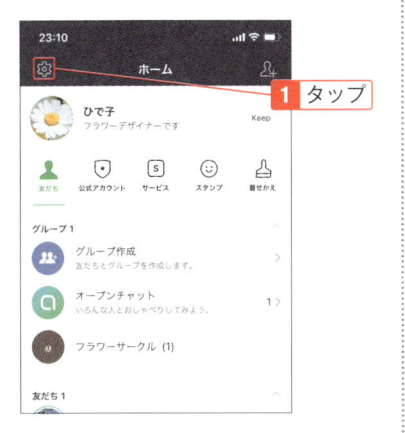

2 「タイムライン」をタップ。

3 「人気の投稿をトップに表示」をオフにし、「×」(Androidの場合は「<」)をタップ。

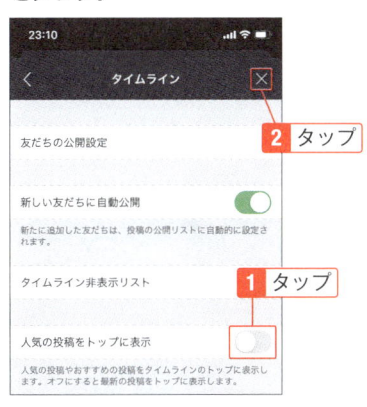

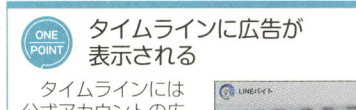

> **ONE POINT**
> **タイムラインに広告が表示される**
>
> タイムラインには公式アカウントの広告やおすすめの商品の広告も表示されます。なかには読みたくない広告もあるでしょう。そのような場合は、右端の「…」をタップし、「この投稿を非表示」または「〇〇の投稿をすべて非表示」をタップします。

03

投稿やいいね！で交流できるタイムラインを使おう

ストーリーを使う

24時間限定で公開されるから、些細な内容でも気軽に投稿できる

投稿後24時間経つと自動的に削除されるストーリーは、InstagramやFacebookでおなじみですが、LINEにもあります。タイムラインに載せるほどでもない内容を気軽に投稿でき、投稿後はマイストーリーとして保存され、自分だけが見ることができます。また、24時間以内なら閲覧履歴が残るので、誰がストーリーを見たのかがわかります。

ストーリーを投稿する

1 「タイムライン」をタップし、「ストーリー」をタップ。

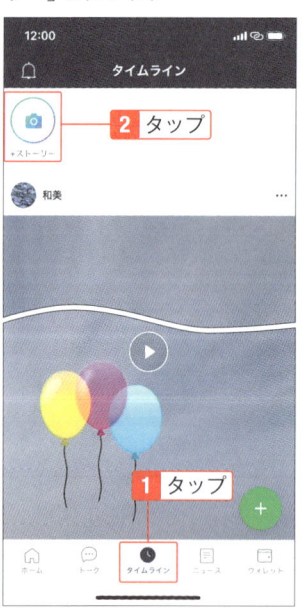

2 写真を使う場合は「写真」、動画の場合は「動画」をタップする。また、右端の四角をタップすると保存してある写真や動画を使用することも可能。

ONE POINT　友だちのストーリーを見るには

友だちがストーリーを投稿していれば、友だちのホーム画面の背景右下に○で囲まれて表示されるのでタップして再生できます。

ONE POINT　ストーリーとは

動画、写真、テキストを使って、日常の1シーンを投稿できる機能です。24時間で自動的に削除されるので、今やっていることや見ているものなどを気兼ねなく投稿することができます。

3 「動画」をタップし、「撮影」ボタンを
押すと動画を撮影できる。

2 タップ

1 タップ

4 撮影を中断する場合は ❚❚ をタップ
する。撮影を終わりにするには ◉ を
タップ。

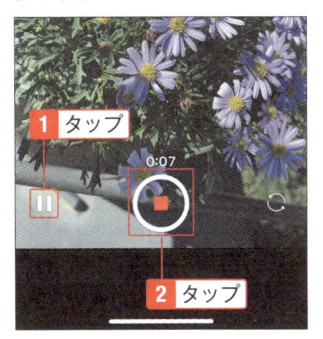

1 タップ

2 タップ

ONE
POINT **動画に文字を入れる場合は**

　動画に文字を入れたい時には、上部にある
T をタップします。

5 公開範囲を確認し、◉ をタップ。

1 確認

2 タップ

ONE
POINT **友だちだけにストーリーを
見せるには**

　手順5の画面で、SECTION03-03で作成
した親しい友だちリストを選択すれば特定の
人だけに見せることができます。新たにリスト
を作成する場合は「親しい友だちリストを作
成」をタップしてください。

6 追加されたストーリーをタップする
と再生できる。

1 タップ

ストーリーを閲覧した人を確認する

1 ホームかタイムラインの上部にある自分のアイコンをタップ（ストーリーを投稿している場合のみ可能）。

2 閲覧した人がいる場合は閲覧数が表示される。「閲覧」をタップ。

3 表示された画面の「閲覧」タブに閲覧した人が、「いいね」タブにいいねした人が表示される。

 ONE POINT ストーリーを削除するには

手順3の画面右上にある ⋯ （Androidの場合は ⋮ をタップし、「削除」をタップすると投稿したストーリーを削除できます。

24時間過ぎたストーリーを見る

1 「ホーム」をタップし、自分の名前の部分をタップして自分のホーム画面を表示する。「写真・動画」をタップ。

2 マイストーリーに過去のストーリーが保存されているのでタップして再生できる。

話題のキャッシュレス決済 LINE Payを使ってみよう

LINEは使っているけれど、LINE Payはまだ使っていないという人もいるでしょう。LINE Payを使えば、スマホひとつで簡単に支払いができるようになります。似たようなサービスがいろいろありますが、LINE Payなら普段使っているLINEアプリで支払いができるので、他のアプリをダウンロードしたり、立ち上げたりする必要がありません。また、LINEの友だちへの送金や割り勘もできます。この章では、LINE Payの一通りの使い方を説明します。

LINE Pay とは

支払いだけでなく、送金や割り勘もできる話題のキャッシュレス決済

使い方は各SECTIONで説明しますが、まずはLINE Payでどのようなことができるのかを説明しましょう。また、LINE Payの決済方法やチャージ方法にどのようなものがあるかも説明します。実際に使ってみないとわからない部分も多いので、おおまかに理解しておくだけで十分です。

LINE Payでできること

　LINE Payは、LINEユーザーが使えるスマホ決済サービスです。LINE Pay加盟店であれば、現金を持たずにスマホだけで買い物することができます。また、LINE友だちに、手数料をかけずに送金することができ、面倒な割り勘も簡単にできます。LINE Payにチャージして利用するのですが、チャージしすぎたり、現金が必要になったりしたときには、手数料を払えば出金することも可能です。さらに、LINE Payユーザー専用のクーポンもあるので、お得な買い物ができます。

●代金の支払い (SECTION04-05、04-06)

▲LINE Payに加盟している店舗で買い物する際に、スマホ1つで簡単に決済ができます。

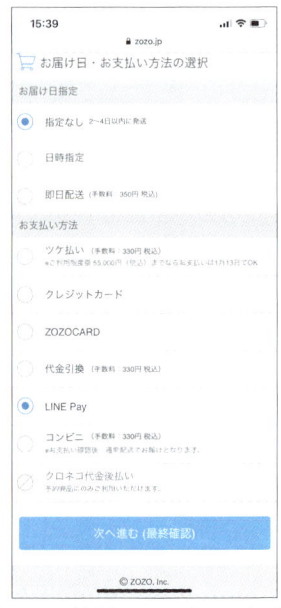

▲LINE Payに対応しているオンラインショップでの支払いにも使えます。

●送金 (SECTION04-07)

▲ランチ代やプレゼント代などを立て替えてくれた友だちに、銀行口座を使わずにLINE Pay残高から送金することが可能です。

●クーポン (SECTION04-09)

▲LINE Pay利用者のみに発行されるクーポンがあり、お得な買い物ができます。

●割り勘 (SECTION04-08)

▲食事会や飲み会などで代金を立て替えたときなどに、LINE Payで割り勘ができます。現金の計算をしたり、小銭を用意したりする必要がないので便利です。

●出金 (SECTION04-12)

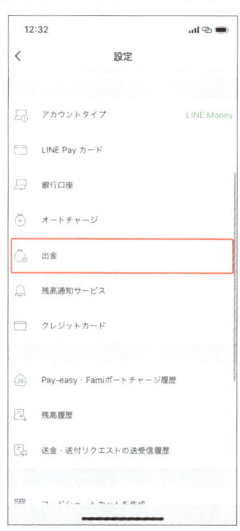

▲「送金された金額を現金化したいとき」や「チャージしすぎたとき」には、LINE Pay残高から指定した金額を出金することができます。ただし、出金には216円の手数料がかかります。

LINE Payでの決済方法には、「コード決済」「オンライン決済」「請求書支払い」「LINE Payカード」があります。

●コード決済 (SECTION04-05)

▲画面に表示されているバーコードやQRコードを使って支払いができます。店舗によって、店員にコードを読み取ってもらう場合と、自分がコードを読み取る場合があります。

●オンライン決済(SECTION04-06)

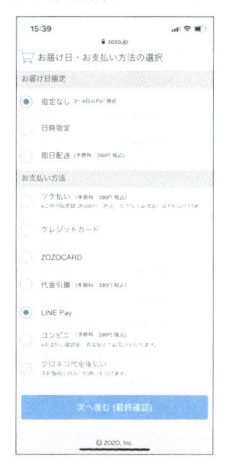

▲オンラインショップのLINE Pay加盟店で買い物をする際に、決済手段としてLINE Payを選択して購入できます。

●請求書支払い (SECTION04-06)

▲通販や電気料金などの請求書に記載されているバーコードをLINEのコードリーダーで読み取って支払うことができます。

●LINE Payカード(SECTION04-15)

▲プリペイドカードとしても使えます。国内外のJCB加盟店で使うことができ、使うたびにポイントが貯まります。

チャージ方法

　銀行口座、コンビニ、QR/バーコード、LINE Payカードなど、チャージ方法は複数あります。

・自分の銀行口座からチャージできる
・セブン銀行のATMでチャージが可能
・ファミリーマートの端末でチャージできる
・対象店舗でQRまたはバーコードでチャージできる
・対象店舗でLINE Payカード（SECTION04-15）を使ってチャージできる

◀銀行口座からチャージできる。

▲セブン銀行のATMでチャージできる。

▲ファミリーマートの端末でチャージできる。

 LINE Payの利用料

　LINE Pay残高から出金するときや外貨両替、韓国ATM両替など一部手数料がかかりますが、代金の支払いやチャージ、友だちへの送金など、ほとんどが無料で利用できます。

04 話題のキャッシュレス決済LINE Payを使ってみよう

LINE Payを使えるようにする

チャージや送金には本人確認が必要なので、ここで登録しておこう

LINEを利用しているだけでは、LINE Payは使えません。まず、LINE Payの登録手続きが必要となります。それほど時間はかかりませんし、いざというときのために手続きしておくとよいでしょう。また、銀行口座を使ったチャージや送金などをおこなう場合は本人確認が必要なので、一緒に登録しておきましょう。

LINE Payに登録する

1　「ウォレット」をタップし、「LINE Payをはじめる」をタップ。

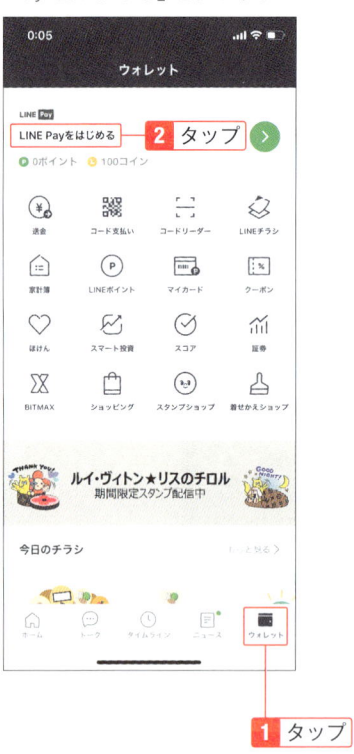

2　「はじめる」をタップ。

3 「すべてに同意」をタップし、「新規登録」をタップ。

4 上部に表示されている「Payパスワードを設定せずに機種変更すると～」をタップ。

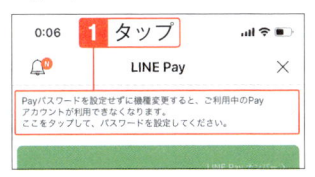

5 LINE Payで使うパスワードを設定する、同じ数字が3つ以上連続しないように入力。

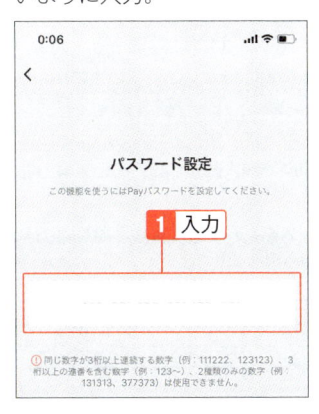

6 再度同じパスワードを入力。

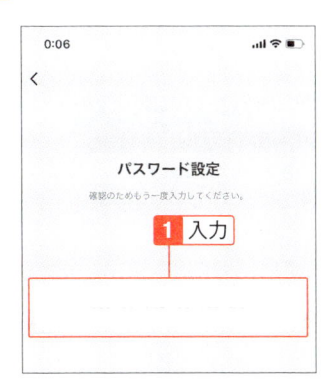

7 パスワードを設定した。

 パスワードを変更するには

　LINE Payを設定すると、手順1の画面に残高0円と表示されるので、残高の部分をタップします。「設定」をタップし、「パスワード」をタップして変更できます。現在のパスワードを入力した後、変更後のパスワードを設定してください。

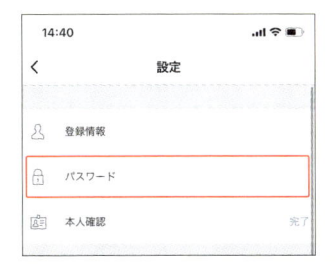

1 「ウォレット」の上部にある残高の部分をタップ。

2 「設定」をタップ。

3 「本人確認」をタップ。メッセージが表示されたら「確認」(Androidの場合は「本人確認」) をタップ。

ONE POINT　本人確認方法

「銀行口座で本人確認」「スマホでかんたん本人確認」「郵送で本人確認」のいずれかを選択します。

銀行口座で本人確認：銀行の口座番号を入力します。銀行によって入力画面が異なります。

スマホでかんたん本人確認：身分証の表面と裏面の写真を撮影してアップロードします。

郵送で本人確認：身分証の表面と裏面の写真を撮影し、アップロードすると、後日ハガキが届くので、ハガキに記載されているQRコードを読み取り、16桁の英数字を入力します。

4 本人確認方法を選択。ここでは「銀行口座で本人確認」をタップ。メッセージが表示されたら「OK」をタップ。

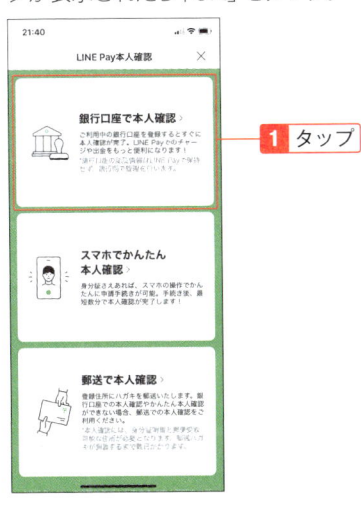

5 銀行を選択。

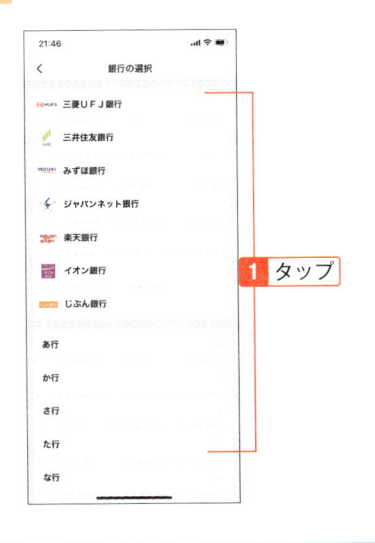

6 スクロールして利用規約を読み「同意します」をタップ。

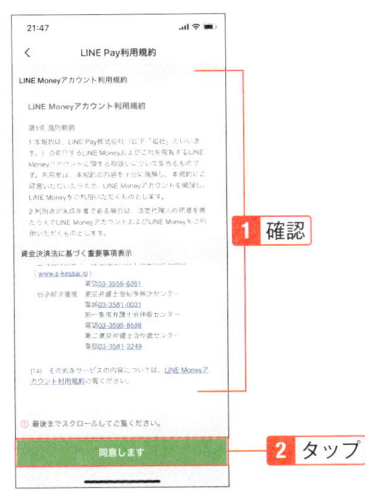

7 氏名や生年月日、住所などを入力し、「次へ」をタップ。この後、各銀行の手順に従って操作する。

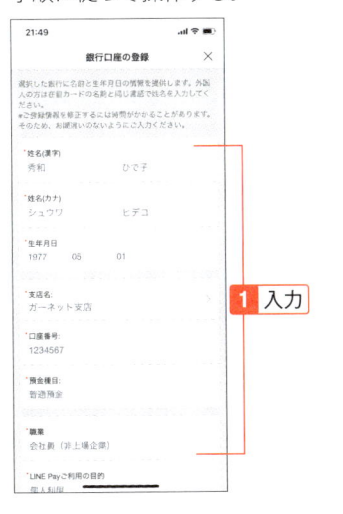

 ONE POINT 銀行口座の登録方法

　銀行によって画面が異なり、入力事項も異なります。たとえば、ゆうちょ銀行の場合は、「記号・番号」「暗証番号」の入力が必要となり、三菱UFJ銀行の場合は、「口座番号」「支店」「預金種別」「キャッシュカードの暗証番号」「通帳最終残高」が必要です。

LINE Payにチャージする

銀行口座以外に、コンビニでもチャージできる。共に本人確認が必要

LINE Payを始めた時には、当然残高がありません。このままでは支払いができないので入金の操作が必要です。チャージする方法は複数ありますが、銀行口座を設定すればその場でチャージできます。ただし、その場合は、SECTION04-02で説明した「本人確認」が完了していなければできません。

銀行口座からチャージする

1 「ウォレット」をタップし、「＋」をタップ。

2 「銀行口座」をタップ。

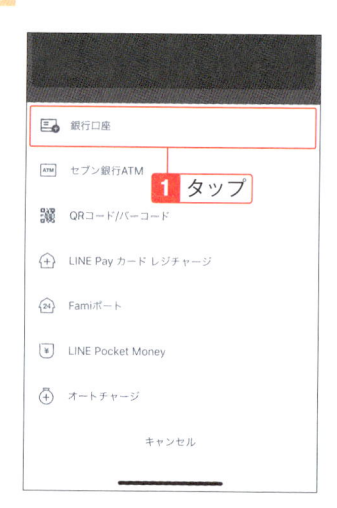

3 銀行名をタップ。別の口座にする場合は「新規口座の登録」をタップして追加する。

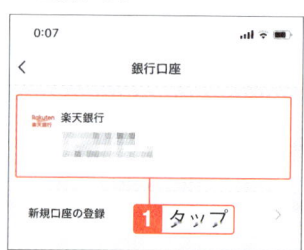

4 チャージ金額を入力し「チャージ」をタップ。

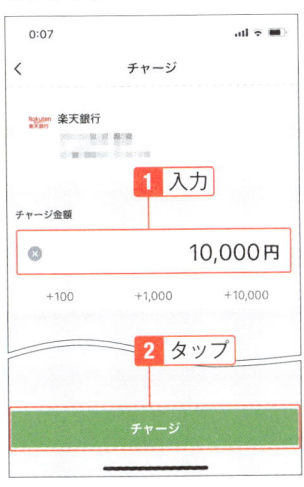

5 LINE Payパスワードを入力し、メッセージが表示されたら「確認」をタップ。

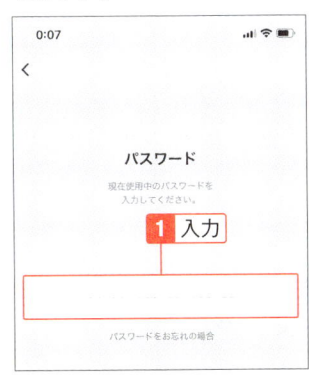

セブン銀行ATMでチャージする

1 「セブン銀行ATM」をタップ。

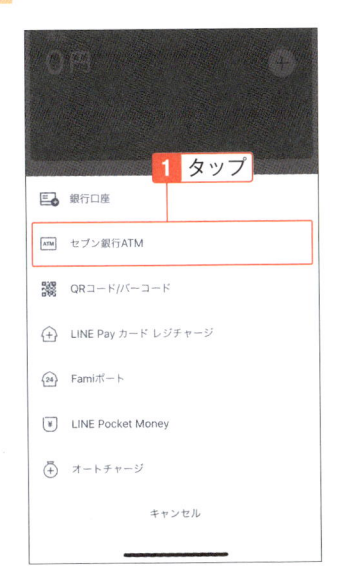

2 「スマートフォンでの取引」をタップし、「次へ」をタップ。nanacoに入っているお金を入れる場合は「nanaco」を選択する。

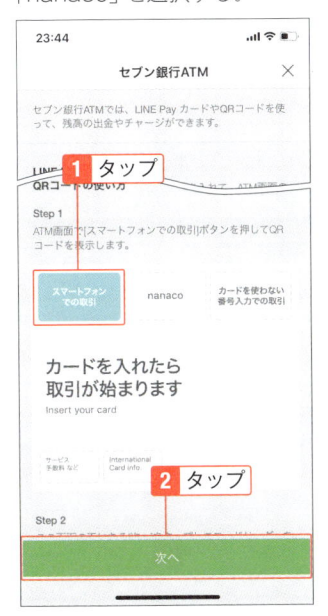

3 セブン銀行のATMで「スマートフォンでの取引」を選択。

4 画面に表示されたQRコードをスマホで読み取る。

5 スマホに表示された企業番号をセブン銀行ATMに入力。

6 紙幣を投入し、金額を確認してチャージする。

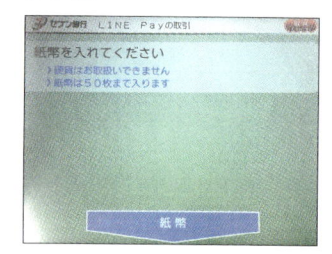

Famiポートでチャージする

1 「Famiポート」をタップ。

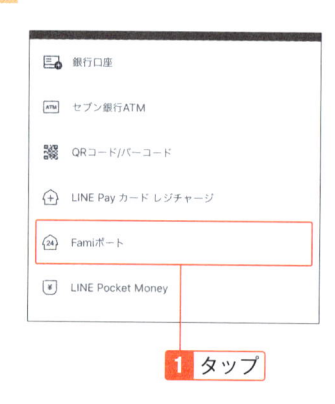

2 姓名を入力。チャージする金額を1000円単位で入力して「チャージ」をタップ。

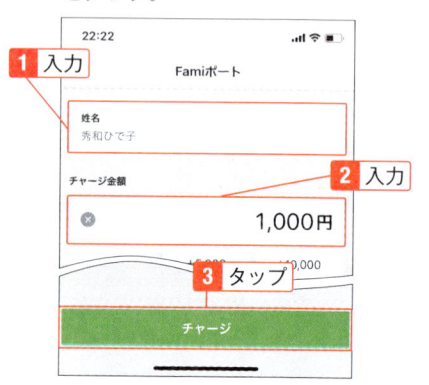

3 受付番号、予約番号が表示されたら
「完了」をタップ。

4 ファミリーマートの端末「Famiポート」の画面で、「代金支払い」を選択。

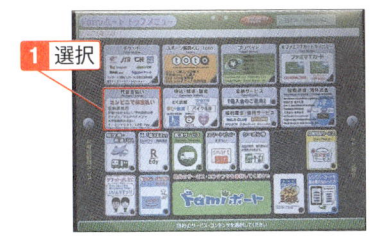

5 「各種番号をお持ちの方はこちら」を選択。

6 受付番号を入力し、「OK」を押し、次の画面で予約番号を入力する。確認画面で「OK」を選択すると、紙が出てくるのでレジに持って行き代金を支払う。

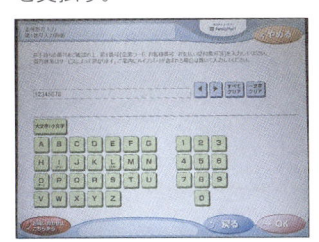

自動的にチャージする

一定の金額を下回ったら、設定した金額を自動でチャージできる

SECTION04-03でチャージする方法を説明しましたが、いざレジで支払おうとしたら残高が足りないということがあるかもしれません。オートチャージを設定しておけば、一定金額を下回ったときに自動的にチャージできるようになります。金額は自由に決められるので、使いすぎないように考えながら設定してください。

オートチャージを設定する

1 SECTION04-03の手順2で、「オートチャージ」をタップ。

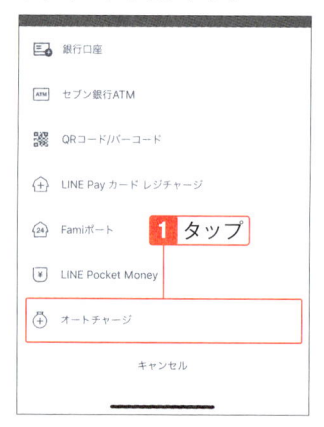

2 「オートチャージ」をオンにする。

3 「オートチャージ条件」をタップ。

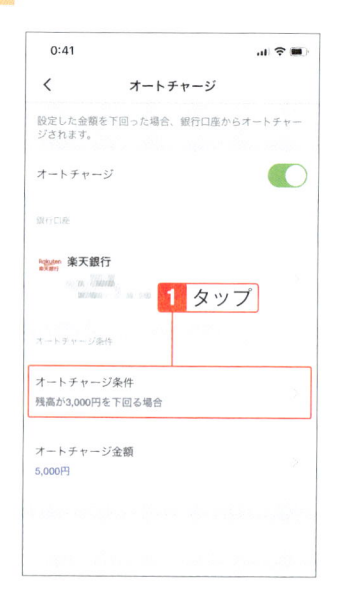

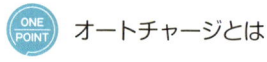

> **ONE POINT オートチャージとは**
>
> 設定した金額を下回ったときに、銀行口座から自動的にチャージできます。銀行口座を登録していない場合はSECTION04-03を参考にして登録しておきましょう。

4 いくらを下回った場合、銀行口座からオートチャージされるかを1000円単位で入力し、「確認」をタップ。

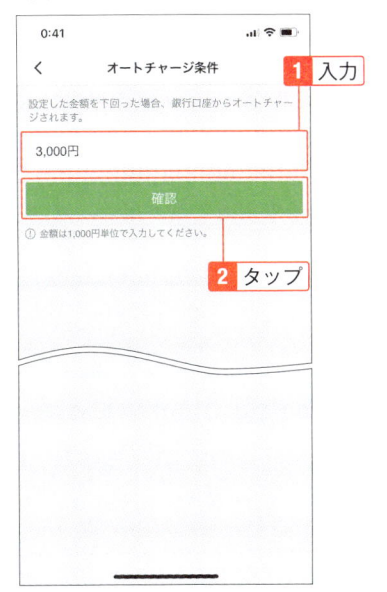

6 いくらチャージするかを1000円単位で入力し、「確認」をタップ。

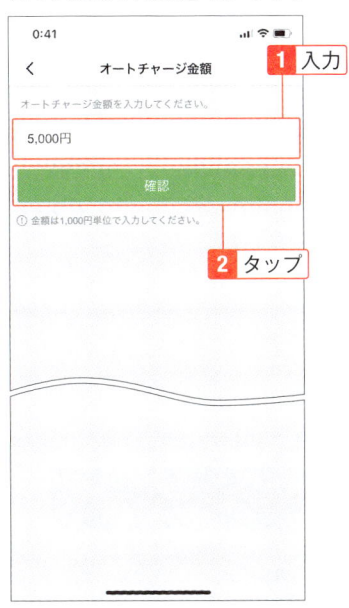

5 「オートチャージ金額」をタップ。

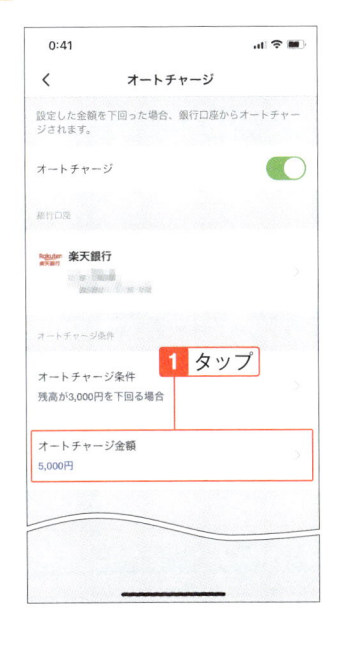

7 「<」をタップして前の画面に戻る。

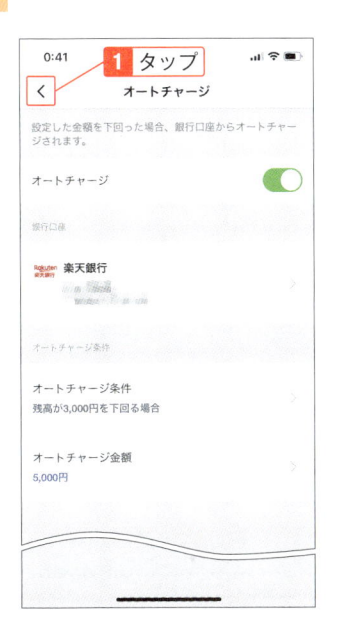

実店舗での購入時にLINE Payを使う

店舗によってコードを読み取ってもらう場合と自分で読み取る場合がある

はじめてLINE Payで支払う時には少し不安かもしれませんが、使っているうちにとても便利なことに気づくはずです。ここでは、実際の店舗でLINE Payをどのように使うかを説明します。店舗側にコードを読み取ってもらうか自分で読み取るかは、店舗によって異なるので支払い時に確認してください。

コードを読み取ってもらう

1 「ウォレット」をタップし、「コード支払い」をタップ。

2 パスワードを入力するか生体認証でロック解除する。

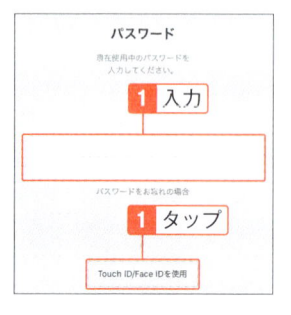

Face ID、Touch IDとは

iPhoneに搭載されている生体認証システムです。LINE Payの支払い時にパスワードを入力せずに顔認証や指紋認証でロックを解除できます。詳しくはSECTION04-13で説明します。

3 残高が足りているかを確認する。チャージする場合は「お支払い方法」をタップして操作する。店舗側にコードを読み取ってもらう。

4 LINEウォレットのトーク画面に「お支払いが完了しました」とメッセージが届く。

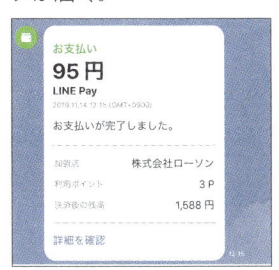

コードを読み取る

1 「ウォレット」をタップし、「コードリーダー」をタップ。

2 パスワードを入力するか生体認証でロックを解除する。

3 店頭で表示されているバーコードまたはQRコードを読み取る。

4 支払い金額を入力し、「支払う」をタップ。

> **ONE POINT** 素早く決済するには
>
> iPhone 6s以降のiPhoneを使っている場合は、3D Touch機能が使えます。ホーム画面でLINEのアイコンを長押しすると、「コード支払い」または「QRコードリーダー」をタップして直接表示できます。

オンラインショップや通販の購入時に LINE Pay を使う

決済時にLINE Payを選択したり、請求書払いにしたりできる

LINE Payに対応しているオンラインショップなら、LINE Pay残高で支払いができます。購入画面に「LINE Pay」の選択欄があるのですぐにわかるはずです。これまでオンラインショップの購入代金を銀行に振り込んだり、コンビニに行って支払ったりしていた人は飛躍的に楽になるでしょう。また、通販の代金払いにも使えます。

購入画面で支払う

1 オンラインショップ（ここでは ZOZOTOWN）（https://zozo.jp/）の購入画面で「LINE Pay」を選択し、「次へ進む」をタップ。

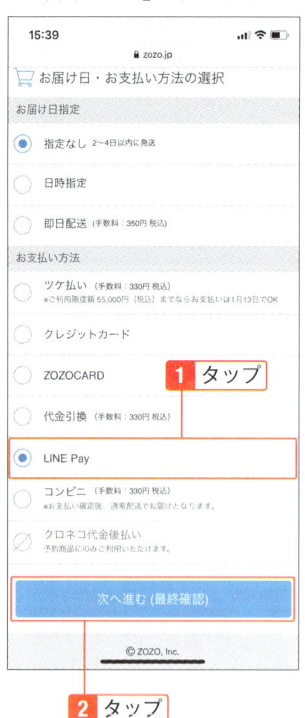

2 「注文を確定しLINEPay決済へ進む」をタップ。

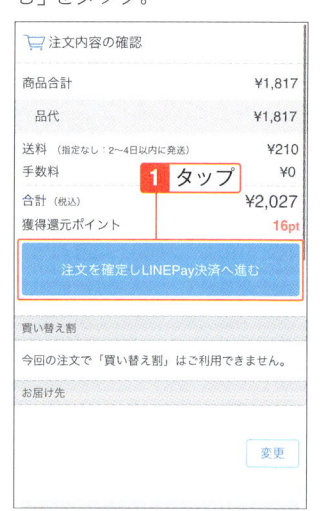

3 「開く」をタップ。

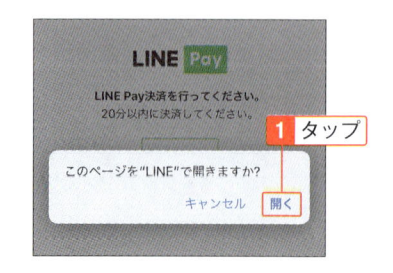

4 残高を確認し、足りなければチャージする。「〇円を支払う」をタップし、この後ロックを解除して購入する。

請求書で支払う

1 SECTION04-07の手順2の画面で、「請求書支払い」をタップ。説明画面が表示されたら「次へ」をタップ。

SECTION04-07の手順2の画面で、

請求書支払いを使うには

利用する通販会社がLINE Payに対応している場合は、後払いで買い物をし、送られてきた請求書のバーコードを読み取って支払うことができます。また、電気代やガス代、水道代などの公共料金もLINE Payが対応していれば支払うことができます。どちらも、届いた請求書にあるバーコードを読むだけなので、わざわざ銀行やコンビニに行く必要がなく、LINEポイントが付与されるのでお得感があります。

2 バーコードを読み取る。

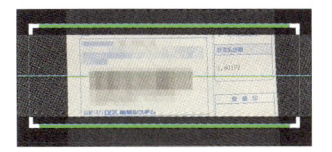

3 「お支払い」をタップ。次の画面で「続ける」をタップ。

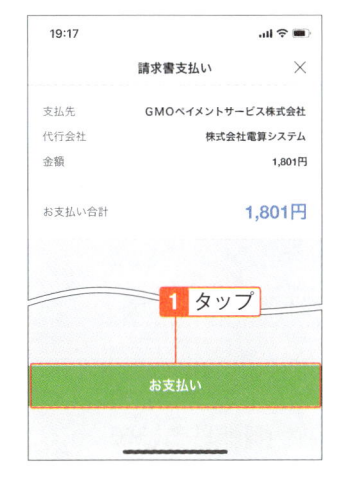

4 ポイントを利用する場合は入力。金額が正しいことを確認し、「〇円を支払う」をタップして支払う。

04-07
SECTION

友だちに送金する

LINEの友だちに、メッセージやイラストの入った送金依頼を送れる

友だちにお金を借りた時や立て替えてもらった時に、相手がLINEの友達であればLINE Payで送金することができます。また、お金を送ってもらいたいときには送金依頼をすることも可能です。どちらもメッセージやイラストを入れられるので、お金の内訳や理由などを一緒に送ることができます。

金額を指定して送金する

1 「ウォレット」をタップし、残高の部分をタップ。

2 「送金」をタップ。

3 送金する友達をタップし、「選択」をタップ。

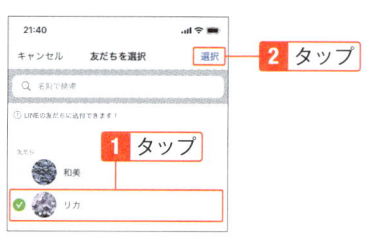

4 金額を入力し、「次へ」をタップ。

LINE Payで送金するには

LINE Payの残高から指定した金額を、手数料無料で友だちに送金することができます。ただし、送付側はSECTION04-02の本人確認を完了している必要があります。

5 メッセージを入力し、イラストを選択。「送金・送付」をタップ。

6 パスワードを入力するか、生体認証でロックを解除する。「送金が完了した」というメッセージが表示されたら「確認」をタップする。

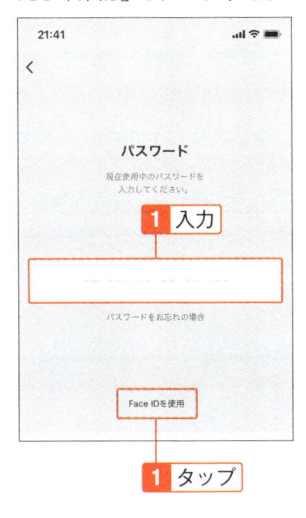

7 送金したことがトーク画面に表示される。

8 相手には自動的に入金になり、トーク画面にもメッセージが表示される。

 ONE POINT トーク画面から送金するには

送金する相手とのトーク画面で「＋」をタップし、「送金」をタップし「送金・送付」をタップしても送金できます。

1 「送金依頼」をタップ。

2 相手を選択し、「選択」（Androidの場合は「次へ」）をタップ。

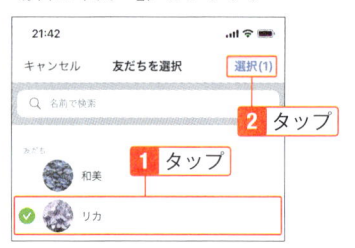

3 金額を入力し、「次へ」をタップ。

4 メッセージを入力し、イラストを選んで「送金・送付リクエスト」をタップ。

ONE POINT **送金依頼を受ける**

トーク画面に依頼が来るので、タップすると送金の手続き画面が表示されます。

お金を立て替えて割り勘する

割り勘の面倒な計算を省ける。現金のやりとりも不要なので効率的

職場の人とランチに行った時に、個別会計にできず他の人の分を立て替えることもあるでしょう。あるいは、打ち上げの幹事になり、一括支払いをすることもあるかもしれません。そのようなときにLINE Payを使えば簡単に割り勘ができます。ここでは、お金を立て替えて割り勘する方法を説明します。

割り勘を設定する

1 SECTION04-07の手順2の画面で、「割り勘」をタップ。

2 「割り勘」をタップ。

3 タイトルを入力し、「QRコードを作成」をタップ。

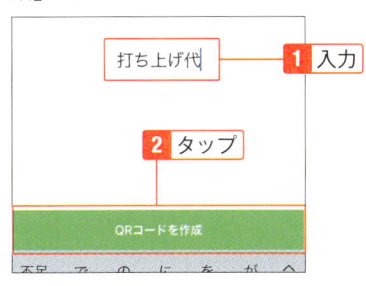

4 割り勘に参加するためのコードが表示される。割り勘に参加する人は、「ウォレット」の「コードリーダー」もしくは友だち追加の際のリーダー（SECTION01-06）でこのQRコードをスキャンする。近くにいない人にはスクリーンショットした画像をトークに送る。

1 QRコードを読み取った参加者は支払い方法を選択する。LINE Payの残高から払う場合は「LINE Pay」、現金で払う場合は「現金」を選択し、「割り勘に参加」をタップ。

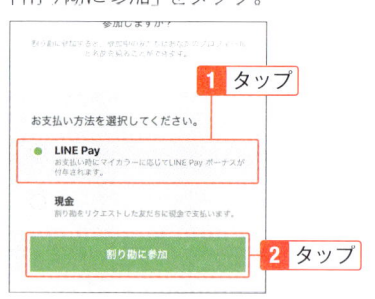

2 「確認」をタップすると割り勘に参加できる。

1 友だちがリクエストに参加したら、立て替える人は「支払う」をタップ。

2 店舗側が読み取る場合は「コード支払い」、自分がバーコードを読み取る場合は「QRコード」を選択。次の画面でパスワードか生体認証でロックの解除をする。

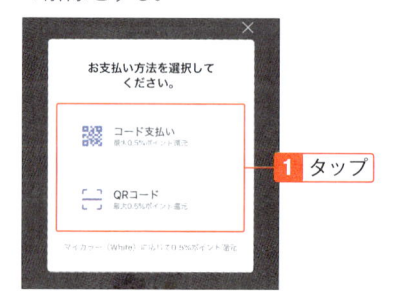

3 支払いが済んだら「<」をタップして戻る。

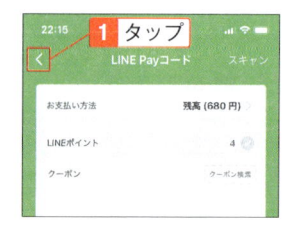

4 「割り勘をリクエスト」をタップ。タップできない場合は決済額が不足しているか超過しているかのどちらかなので、決済額に合うように金額をタップして修正する。

1 確認

2 タップ

5 「確認」をタップ。

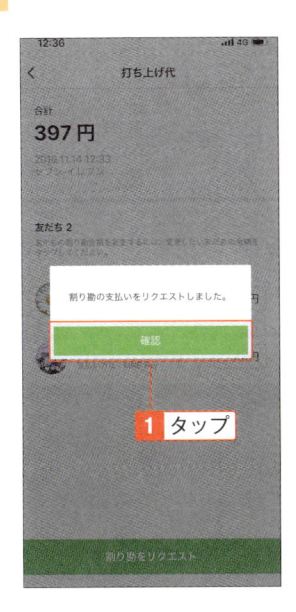

1 タップ

友だちが割り勘金額を支払う

1 参加者にはLINEウォレットからメッセージが届くので、「詳細を確認」をタップして内容を確認する。正しければ「LINE Payで支払う」をタップ。

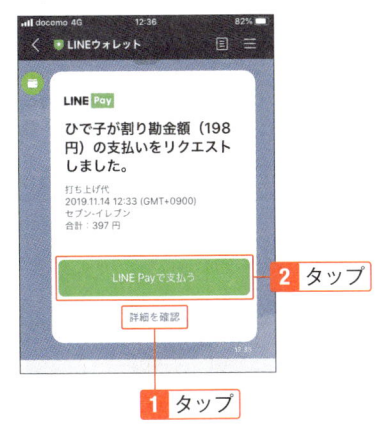

2 タップ

1 タップ

2 「確認」をタップ。

1 タップ

> **ONE POINT** 割り勘の内容を確認するには
>
> LINEウォレットからのトークで「割り勘の支払いがすべて完了しました。」と届くので「詳細を確認」をタップすると誰がいくら支払ったがわかります。
>
>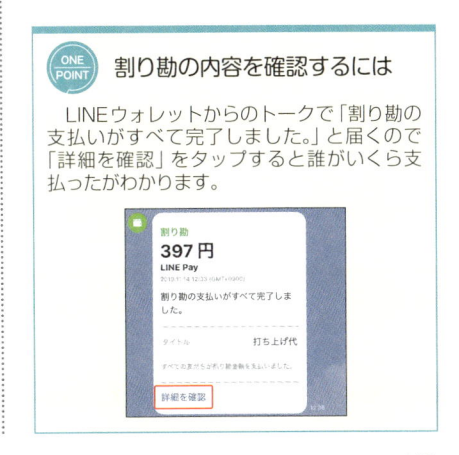

クーポンを使う

LINE Pay限定のクーポンもあるので、こまめにチェックしよう

買い物をするときに、クーポンを持っていると実際の価格より安く買えるのでお得です。最近では、企業や店舗がLINEでクーポンを配信しているので、積極的に使用しましょう。ここでは、LINE Pay ユーザー用に配布されているクーポンの使い方を解説します。なお、クーポンには有効期限があるので注意してください。

LINE Pay限定クーポンを使う

1 「ウォレット」をタップし、「クーポン」をタップ。

ONE POINT　現金払いでも使えるクーポン

　手順2の画面には、現金払いで使えるクーポンもあります。店頭でクーポンを提示して利用してください。

3 使用するクーポンをタップ。

2 さまざまなクーポンが用意されている。ここでは、「LINE Pay支払い限定」をタップ。

4 「クーポンを受け取る」をタップ。

ONE POINT トークルームでクーポンを
取得する

　LINE PayやLINEクーポンからトークルームに届くこともあります。その場合は、トーク画面の「クーポンをゲット」をタップして受け取ってください。

5 LINE Pay限定クーポンを受け取った。「確認」をタップ。

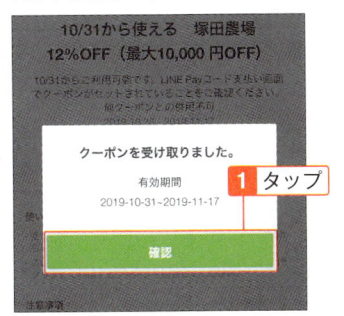

6 「コード支払いで利用」をタップ。

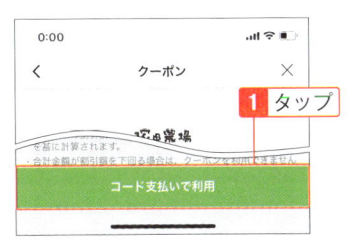

7 クーポンが表示されたことを確認し支払いをする。

ONE POINT 取得したクーポンを
確認するには

　SECTION04-07の手順2の画面で、「マイクーポン」をタップすると、取得しているクーポンが表示されます。

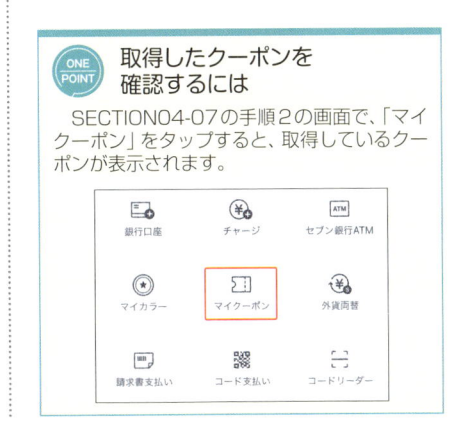

LINEポイントを使ったり貯めたりする

動画を見たり友だち追加して貯めたポイントを支払いに使える

LINEポイントは、LINEのキャンペーンに参加したり、提携サイトでポイントに交換したりなどで得られるポイントサービスです。手持ちのポイントがあるのなら、決済時に使いましょう。ここでは、「支払いにLINEポイントを使って購入する方法」と「LINEポイントを貯める方法」を紹介します。

支払いにLINEポイントを使う

1 購入時の画面（SECTION04-05の手順3）でLINEポイントをタップしてチェックを付ける。ポイント数の指定はできない。

2 LINEポイントにチェックを付けた状態で支払いをする。

ONE POINT　LINEポイントとは

　買い物する際に1ポイント1円として使用できます。また、スタンプなどを購入するときのLINEコインに2ポイントを1コインとして変換することもできます。ただし、友だちに送付したり、出金したりはできません。なお、ポイントには有効期限があり、有効期限を確認するには、「ウォレット」上部にある緑の「P」をタップします。

LINEポイントを貯める

1 「ウォレット」をタップし、「LINEポイント」をタップ。

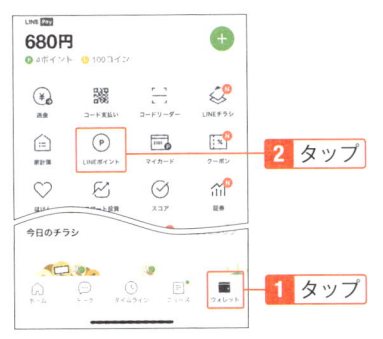

2 タップ

1 タップ

2 「貯める」をタップし、「動画をみる」や「読んで貯める」などを選択する。ここでは「動画をみる」をタップ。

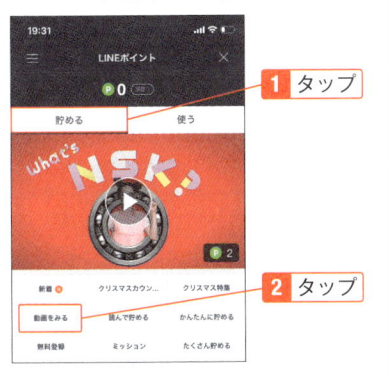

1 タップ

2 タップ

3 見たい動画をタップ。

1 タップ

4 取得できるポイントが表示されている。動画の上をタップ。

1 確認

2 タップ

5 視聴が終わると「ミッションクリア」と表示されるので「×」をタップ。右上の「×」をタップ。

2 タップ

1 タップ

6 ポイントが追加される。

1 確認

話題のキャッシュレス決済 LINE Pay を使ってみよう

LINE Payの残高や決済履歴を確認する

残高の他に、いつどこで利用したかや決済方法も確認できる

便利なLINE Payですが、現金を使わないため出金状況がわかりにくいということもあります。そのようなときは「残高履歴」で確認してください。また、いつどこでどの決済方法で支払ったかを知りたい時には「決済履歴」で確認できます。「決済履歴」は、決済方法で絞り込んで見ることも可能です。

残高を見る

1　「ウォレット」をタップし、残高の数字の上をタップ。

2　「残高履歴」(Androidは画面下部にある) をタップ。

3　入出金の履歴を見られる。「入」をタップすると入金、「出」をタップすると出金を確認できる。

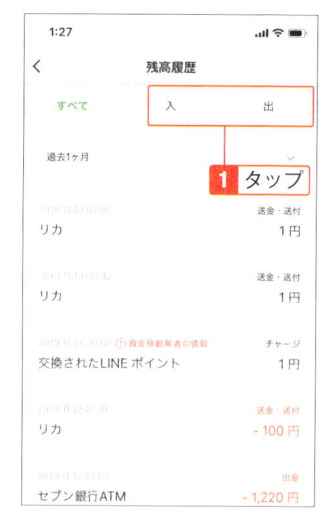

ONE POINT　マイカラーとは

　毎月の支払い実績によって翌月のカラーが決まり、LINE Payでの支払いの度に、「支払い金額×0.5〜2%」のLINEポイントが付与されます。カラーには、付与率が高い順に「グリーン」「ブルー」「レッド」「ホワイト」があります。カラーを確認するには、手順2の画面で「マイカラー」をタップします。マイカラーは、次のページの「決済履歴」に表示されます。

1 「決済履歴」(Androidの場合は「お支払い履歴」) をタップ。

2 支払い履歴が表示される。右側の□をタップ。

ONE POINT **決済手段ごとに確認するには**

手順2の画面で「すべて」をタップすると、「残高」「デビット支払い」「LINEポイント」などどの手段で支払ったがわかります。

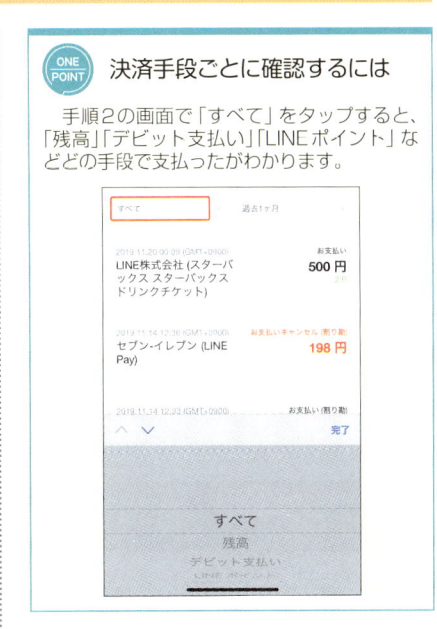

3 「期間選択」を選択し、「完了」をタップ。

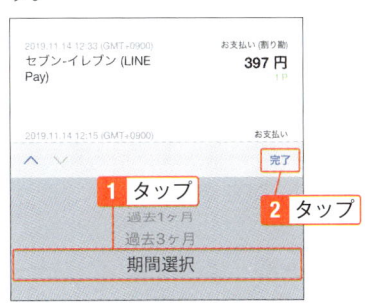

4 履歴を見たい期間を入力し、「OK」をタップすると指定した期間の決済履歴が表示される。

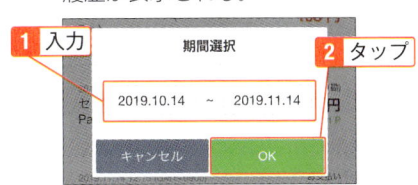

04

話題のキャッシュレス決済 LINE Pay を使ってみよう

111

LINE Pay残高を引き出す

LINE Pay残高から銀行口座へ出金して現金を引き出せる

「送金された金額を現金化したいとき」や「チャージしすぎたとき」には、LINE Pay残高を銀行口座へ出金できます。セブン銀行ATMを使えば、夜間でも引き出すことができるので、いざお金が必要になったときに役立つかもしれません。銀行口座へ出金することも可能ですが、ここではセブン銀行ATMを使う方法を説明します。

出金する

1 「ウォレット」をタップし、上部の残高の部分をタップ。

2 「設定」をタップ。

3 「出金」をタップ。

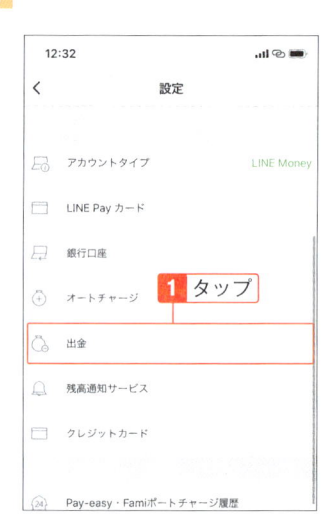

LINE Pay残高を出金するには

　セブン銀行ATMを使って現金を引き出すか、銀行口座に出金できます。セブン銀行ATMの場合は24時間出金できますが、銀行口座の場合は銀行の営業時間内での出金となります。どちらも1回の出金につき216円かかります。なお、セブン銀行ATMの出金はLINE Payプラスチックカード（SECTION04-15参照）でも可能です。なお、出金するにはSECTION04-02の本人確認を完了している必要があります。

4 「セブン銀行ATM」をタップ。

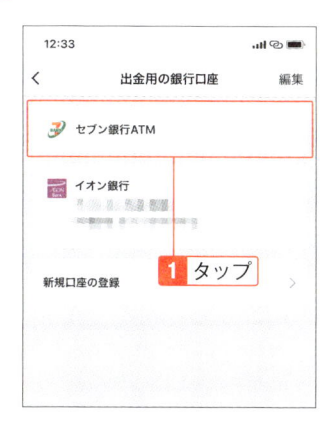

5 「スマートフォンでの取引」をタップし、「次へ」をタップするとQRコードリーダーが表示される。

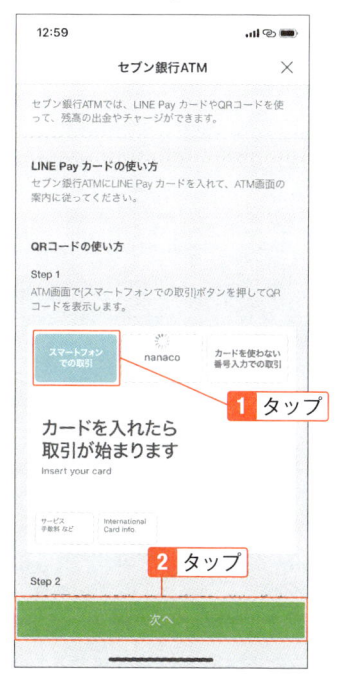

6 セブン銀行ATMの画面で「スマートフォンでの取引」を選択。

7 QRコードが表示されるので、LINEアプリの画面に表示されているQRコードリーダーで読み取る。

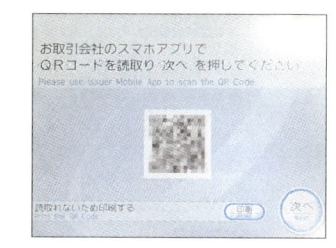

8 スマホの画面に企業番号と認証番号が表示されるのでATMに入力。続いてATMで金額を入力し、「確認」を選択する。

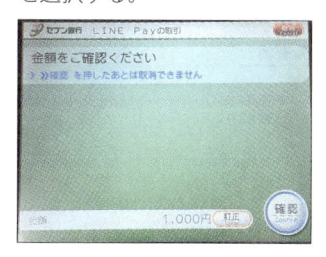

LINE Pay で生体認証を使う

顔認証や指紋認証でロックを解除できる。セキュリティも高められる

SECTION04-05で、決済時にパスワードを入力するように設定しましたが、毎回パスワードを入力するとなると、パスワードを忘れてしまった時や急いでレジを済ませたい時に困る場合があります。そこで、顔認証または指紋認証を使えば一瞬で入れるので便利です。ここではiPhone 11の顔認証の設定について説明します。

FaceIDを設定する

1 「設定」アプリの「Face IDとパスコード」をタップ。次の画面でパスワードを要求されるので入力する。

2 「Face IDをセットアップ」をタップ。

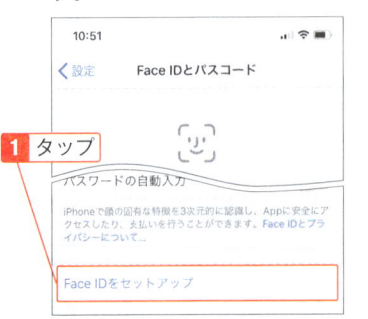

ONE POINT　スマホで顔認証や指紋認証を使うには

LINE Payのロック解除に生体認証を使う場合は、設定アプリでの設定が必要です。ここでは、iPhone11のFace IDを解説していますが、iPhone8で指紋認証を使う場合は、「設定」アプリの「Touch IDとパスコード」の「指紋を追加」をタップします。Androidの場合は、「設定」アプリの「ロック画面とセキュリティ」→「指紋認証」→「指紋を登録」をタップします。

3 「開始」をタップ。

4 自分の顔を映し出し、顔を回して顔のすべての角度を認識させる。それを2回繰り返す。

枠内に顔を入れて
ください。

5 FaceIDを設定した。「完了」をタップ。

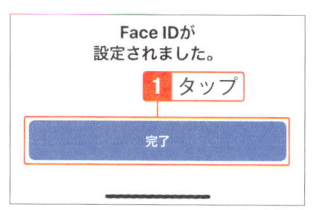

Face IDが
設定されました。

1 タップ

完了

> **ONE POINT** LINE Pay起動時にパスワードを設定する
>
> ここでは、決済に使うロック解除の設定です。さらにセキュリティを強化したい場合は、LINE Payを開くときのパスワードも設定できます。その場合は、LINE Payの画面で「設定」→「パスワード」→「パスワードロック」をオンにして設定します。

LINE PayでFaceIDを設定する

1 SECTION04-12の手順2の画面で「設定」をタップ。

1:29　LINE Pay　×

使えるお店　決済履歴　残高履歴

送金　送金依頼　割り勘

家計簿アプリ連動

韓国ATM両替

クレジットカード登録

LINE Payボーナス履歴

お知らせ

ヘルプ

銀行口座登録のご案内

コンビニチャージのご案内

割引案内

1 タップ

設定

LINE Payユーザーなら手続き短縮
新規口座開設をした方 全員に/仮想通貨プレゼント！

2 「パスワード」をタップ。

1:29　設定

登録情報

1 タップ

パスワード

本人確認　完了

3 「Face IDを使用」をタップしてオンにする。「＜」で前の画面に戻る。

1:42　パスワード

2 タップ

1 タップ

パスワード変更

パスワードロック

Face IDを使用

ヒント：パスワードロックをオンにすると、アプリを開くたびにパスワードの入力が求められるため、端末のセキュリティが強化されます。
ヘルプ

マイカードでポイントを貯める

紙のポイントカードが不要になるので、財布の中もスッキリ整理できる

店舗で買い物をするときに、スタンプを押してもらう紙のポイントカードがありますが、LINE上でポイントが貯められるのがLINEマイカードです。LINEマイカードならお財布の中にポイントカードを入れて持ち歩く必要がないので、普段使っている店舗が対応していれば利用するとよいでしょう。

マイカードを追加する

1 「ウォレット」の「マイカード」をタップ。メッセージが表示された場合は「追加できるカードを見る」をタップ。

2 追加するカードの「＋」をタップ。

3 追加された。「今すぐ登録」をタップする。

ONE POINT **LINEマイカードとは**

ポイントカードや会員証などをスマホで一括管理することができるサービスです。会計金額（税抜き）に応じてLINEポイントが付与されます。利用する際には、会計する前に画面を提示するようにしてください。

4 画面の指示に従って会員登録をする。

ONE POINT 既存の登録データと LINE Payを紐づける

店舗によっては、すでに会員登録しているデータと連携ができるので、画面の指示に従って操作してください。

マイカードにポイントを付ける

1 「ウォレット」の「マイカード」をタップ。

1 タップ

2 追加しているマイカードが表示されるので、利用するカードをタップ。

3 バーコードを読み取ってもらった後、代金を支払う。

LINE Pay カードを使う

バーチャルカードとプラスチックカードがあり、機能はどちらも同じ

LINE Payには、LINE Payカードというプリペイドカードもあります。2タイプあり、スマホに表示させる「バーチャルカード」とクレジットカードと同じプラスチック製の「プラスチックカード」があります。チャージ式なので使いすぎることがありませんし、年会費もかからないので、クレジットカードの代用としておすすめです。

LINE Payカードを申し込む

1 SECTION04-07の手順2の画面で、「バーチャルカードをすぐに発行！」(Androidの場合は「LINE Payカード」)をタップ。

 ONE POINT LINE Payカードとは

LINE Payカードは、LINE Payのプリペイドカードのことで、発行手続きをすれば、JCB加盟店でLINE Pay残高を使えるようになります。バーチャルカードとプラスチックカードがあり、バーチャルカードは申し込み後すぐに利用できますが、プラスチックカードは、申し込んでから手元に届くまでに1～2週間ほどかかります。

2 バーチャルカードの場合は「バーチャルカードを発行」をタップ。プラスチックカードの場合は「プラスチックカードを申し込む」をタップ。ここでは「バーチャルカードを発行」を選択。ロック解除の画面が表示された場合は解除する。

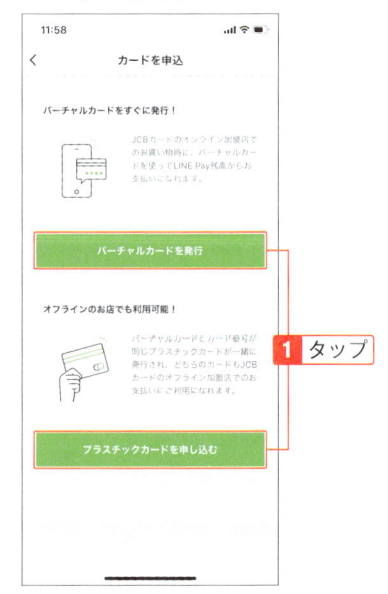

3 バーチャルカードを使えるように
なった。

プラスチックカードを申し込む

1 「プラスチックカード」をタップ。

2 「プラスチックカードを登録するま
で〜」のメッセージが表示される。
「確認」をタップ。

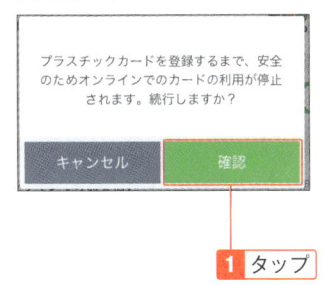

3 デザインを選択して「次へ」をタッ
プ。

4 氏名を入力。

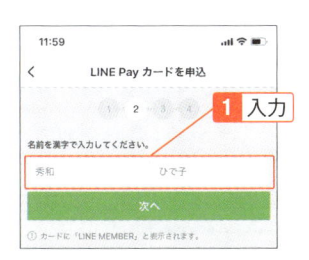

5 郵便番号を入力。

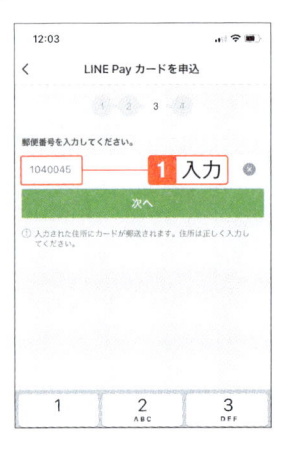

6 住所を入力し、「申込確認」をタップ。1週間～2週間ほどで登録した住所宛に郵送される。

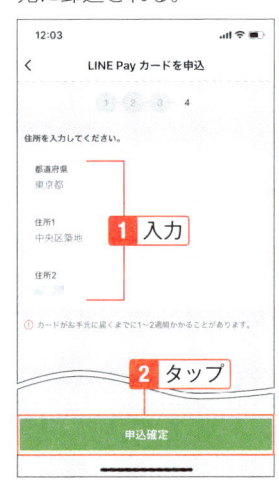

1 カードが届いたらLINE Payカードの画面で「プラスチックカード」をタップ。

2 プラスチックカードの裏面に記載されているお客様番号の3桁を入力し、「確認」をタップ。プラスチックカードを使えるようになる。

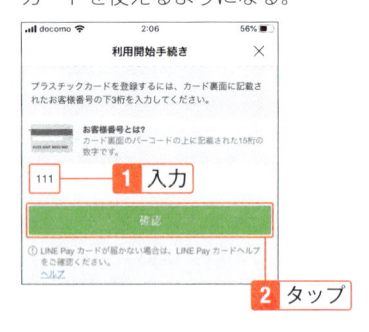

 LINEプリペイドカード

　LINE Payカードと間違えやすいのが、コンビニなどで購入できる「LINE プリペイドカード」です。プリペイドカード分の金額を「LINEクレジット」（LINE STORE専用通貨）にチャージし、LINE STORE（https://store.line.me/home/ja）でスタンプやゲーム通貨、LINEマンガなどを買うことができます。LINEストア内で使うものなので、LINE Pay残高やLINEコインに替えることはできません。注意してください。

カメラやスタンプ作成など いろいろなLINEサービスを 利用しよう

LINE関連のサービスはいろいろあります。たとえば、「商品の写真を撮りたい」「インスタに見栄えの良い写真を載せたい」といったときに、LINE Cameraアプリを使うと今までとは違った素敵な写真を撮ることができます。また、自社のキャラクターを作成し、LINEスタンプにして販売すれば宣伝にもなります。ここで紹介するほとんどのサービスが無料で使えるので、是非活用してください。

LINE Cameraで写真を撮影・編集する

撮影時にフィルターを設定して、見栄えの良い写真を撮れる

LINE Camera は、LINEが提供しているカメラアプリです。ただ撮影するだけでなく、フィルターを使って見栄えの良い写真にしたり、暗く映ってしまった写真を明るくしたりできます。また、顔写真の写りを良くする機能もあります。LINE Cameraを上手に使えば、プロ並みの写真になるのでビジネスで使いたいときにもおすすめです。

LINE Cameraで撮影する

1 LINE Cameraアプリをダウンロードして起動する。

2 「ホーム」画面で「カメラ」をタップ。カメラへのアクセス許可のメッセージが表示された場合は、設定アプリの「LINE Camera」で、「カメラ」をオンにする。

3

❶ LINE Cameraのホーム画面に戻る
❷ 縦横比を選択できる。インスタやメルカリの写真は正方形なので「1:1」を選択する
❸ 自撮りする場合はタップして切り替える
❹ タイマー、グリッドや水準器などを使う時にタップする
❺ 撮影済みの写真を表示する
❻ 被写体が映し出される
❼ 写真にスタンプを付ける
❽ 静止画を撮影する
❾ 動画を撮影する
❿ フィルターを設定する

見栄えの良い写真を撮影する

1 ⬡をタップ。

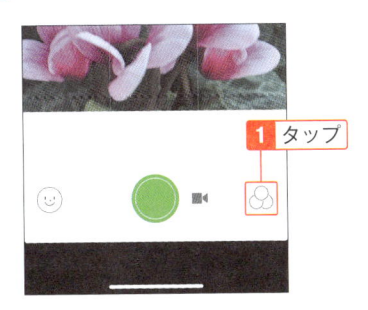

1 タップ

2 任意のフィルターをタップする。

1 タップ

3 左の⬡や◻をタップすると周囲を
ぼかしたり、黒くしたりできる。「撮
影」ボタンをタップすると撮影して
保存される。右上のサムネイルを
タップすると、今撮影した写真を確
認できる。

3 タップ

2 タップ

1 タップ

撮影済みの写真を編集する

1 「アルバム」(Androidの場合は「ギャラ
リー」)をタップして写真を選択する。

1 タップ

2 「編集」をタップ。

1 タップ

3

① 顔のパーツの補正、シミ・クマ消しなどができる
② 切り抜き、回転、傾き調整などができる
③ フィルターを付けられる
④ 露出や明るさ、彩度補正などができる
⑤ フレームを付けられる
⑥ スタンプを付けられる
⑦ 手描きができる

4 「切り抜き」をタップ。

1 タップ

5 縦横比のボタンをタップして比率を選択。ハンドルをドラッグして必要な部分を囲む。

3 ドラッグ

2 タップ

1 タップ

6 をタップ。

1 タップ

7 「明るさ / コントラスト」をタップ。

8 「明るさ」と「コントラスト」のバーをドラッグして調整する。「チェック」をタップ。

9 同様に「露出」や「彩度」も調整できる。 をタップして保存する。

05

ONE POINT　顔のパーツを補正するには

手順9の画面で、「肌」（ 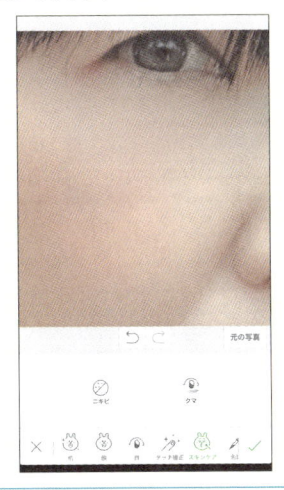 ）をタップすると、目や鼻のサイズを変えたり、ニキビやクマを消したりなど顔を補正して見た目を良くすることができます。

カメラやスタンプ作成などいろいろなLINEサービスを利用しよう

LINE Cameraで複数枚の写真を1枚にする

用意されたテンプレート以外に自由なレイアウトのコラージュも可能

1枚の写真に複数枚の写真を入れたいといったとき、LINE Cameraのコラージュを使えば綺麗にまとめることができます。用意されたテンプレートにはめ込むだけでは物足りない場合には、背景を変えたり、写真を丸型にしたりなど自由なレイアウトにすることもできます。簡単な操作でできるので試してみてください。

コラージュを作成する

1 LINE Cameraのホーム画面で「コラージュ」をタップ。

2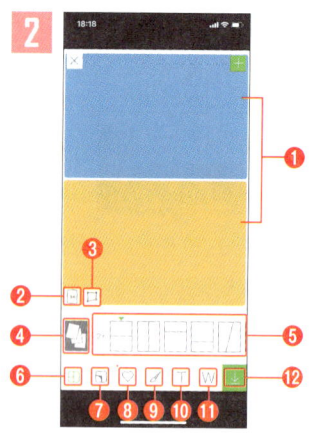

❶ 写真を配置する
❷ 縦横比を選択できる
❸ 点や線をドラッグして写真の形を変更できる
❹ 自由に配置したい時に使う
❺ 写真の枚数に応じてテンプレートが用意されている
❻ テンプレートを選択する
❼ 枠線を太くしたり、丸くしたり、色を付けたりできる
❽ スタンプを入れられる
❾ 手書きできる
❿ 文字を入力できる
⓫ LINE cameraのロゴを入れる
⓬ コラージュした写真をダウンロードする

コラージュとは

　複数枚の写真を1枚の写真にすることです。LINE Cameraにはコラージュの機能があるので、複数の写真をホーム画面に載せたいときや商品写真を1枚の写真に収めたいときに利用するとよいでしょう。

3 写真の枚数に応じてテンプレートをタップ。ここで4枚を選択する。

4 縦横比をタップして比率選択。ここでは1:1を選択。

5 写真を入れる部分をタップし、「アルバム」(Androidの場合は「ギャラリー」)をタップして写真を選択する。その場で撮影する場合は「カメラ」をタップして撮影する。

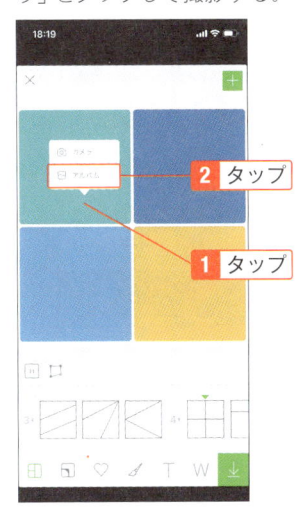

6 写真をピンチアウトすると拡大できる。また、写真をドラッグして順序を入れ替えることも可能。右下の「↓」をタップするとカメラロールに保存される。

1 前のページの手順3で、⬚ をタップ。

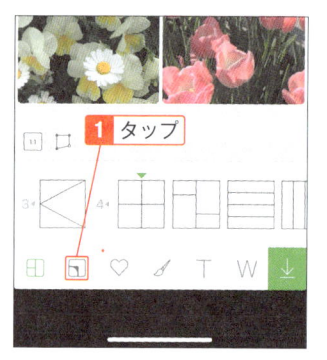

2 「カラー」をタップ。

3 「格子」タブの一覧から色または模様を選択。

4 「輪郭」タブで写真の枠線を選択。☑をタップ。

5 ⊞や□をドラッグして、背景を出せるように余白を作る。写真の角を丸くしたい場合は⌐をドラッグする。できたら↓をタップ。

自由なレイアウトのコラージュを作成する

1 ◻をタップ。

1 タップ

2 画面上をタップし、「アルバム」(Androidの場合は「ギャラリー」)をタップして写真を選択する。

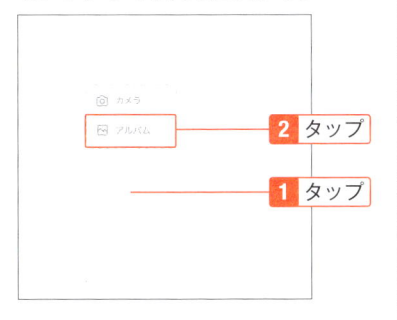

2 タップ

1 タップ

3 写真をタップして選択する。再度タップして、「切り取り」をタップ。

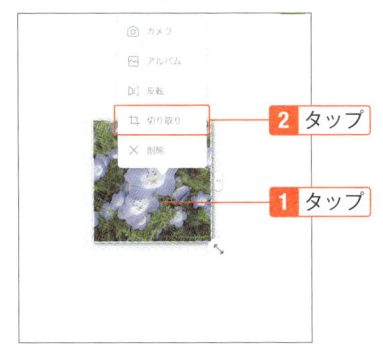

2 タップ

1 タップ

4 切り抜く形を選択する。ここでは丸を選択する。ハンドルをドラッグして必要な部分を囲む。「完了」(Androidの場合は「次へ」) をタップ。

2 ドラッグ

1 タップ

3 タップ

5 丸い写真になった。◹をドラッグしてサイズを変更することが可能。他の写真も同様に追加し、背景を設定する。

1 ドラッグ

LINEでギフトを送る

カードと一緒に送れる。住所を知らない友だちにも配送することが可能

LINEを使って、友だちにプレゼントを送れるサービスが「LINEギフト」です。100円から数万円の商品があるので、お祝いやお礼、ご褒美などさまざまな目的で商品を選ぶことができます。ここでは、LINEギフトの送り方ともらったときの使い方を紹介します。

LINEギフトを送る

1 「LINE」アプリで「ホーム」の「サービス」をタップし、「LINEギフト」をタップ。

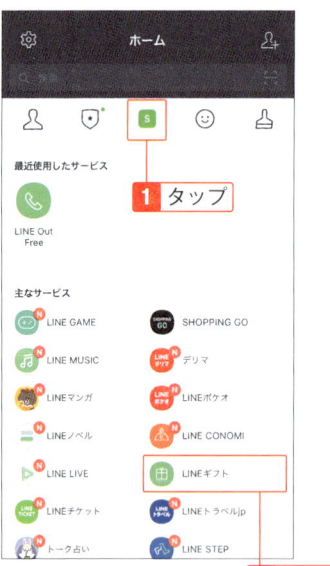

> **ONE POINT** LINEギフトとは
>
> LINEの友だちにプレゼントが送れるサービスです。誕生日祝い、結婚祝い、お礼などのプレゼントを、相手の住所を知らなくてもトークで送ることができます。

2 送りたいギフトをタップ。

> **ONE POINT** 目的に合ったギフトを選ぶ
>
> 手順2の画面で下方向にドラッグすると、目的別のギフト一覧があります。また、上部の「検索」タブをタップすると、カテゴリや価格帯の条件を指定して探すことができます。

3 「友だちにギフト」をタップ。

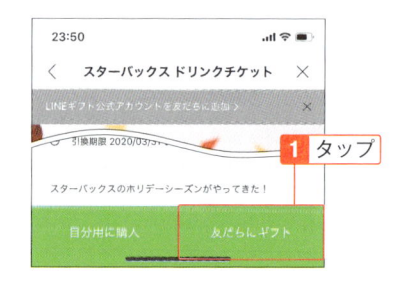

4 プレゼントする友だちをタップし、「次へ」をタップ。

5 「支払方法」をタップして選択する。ここではLINE Payで支払う。「購入内容確定」をタップ。

6 「〇円を支払う」をタップ。その後ロックを解除する。

7 「決済」をタップ。

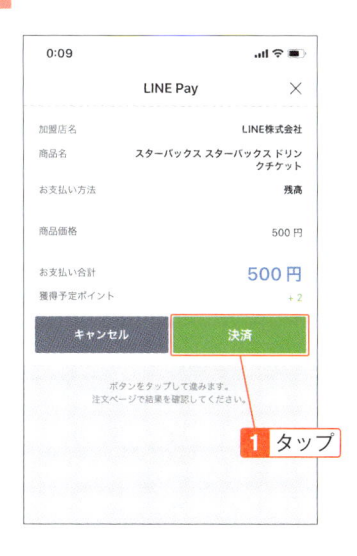

8 カードを選択。

 配送ギフトの場合

配送するギフトの場合は、受け取り主が配送先を入力するので、住所がわからなくても送ることができます。

9 メッセージを入力し、「ギフトメッセージを確定」をタップ。

1 入力

2 タップ

10 「ギフトを送る」をタップ。

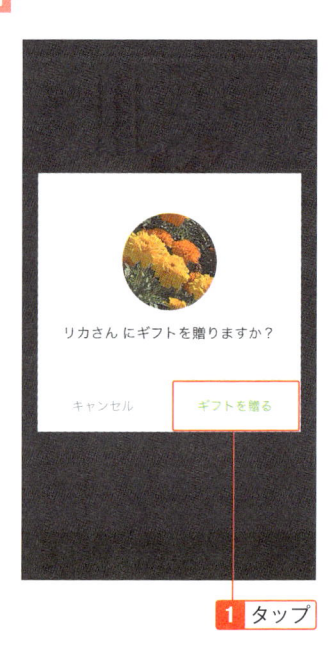

1 タップ

ギフトを使用する

1 「LINE GIFT」の画面で「マイページ」をタップし、「マイページ」タブの「もらったギフト」をタップ。

1 タップ

2 タップ

2 ギフトをタップし、レジでバーコードをスキャンしてもらう。

1 タップ

ONE POINT 送ったギフトを確認するには

　手順1の画面で、「送ったギフト」をタップすると一覧が表示されます。また、自分用に購入したものも見たい場合は「購入履歴」をタップすると表示されます。

LINE Outで無料通話する

LINEを使っていない人や固定電話にもかけられる。無料と有料がある

SECTION01-10の無料通話は、LINEに追加している友だちとの通話ですが、LINEを使っていない人や固定電話にかけたいときにはLINE Outを使えば通話できます。無料通話と有料通話がありますが、無料でも最大5分間通話ができます。海外にもかけられるので、海外出張や海外旅行の際にも役立ちます。

LINE Outで通話する

1 「LINE」アプリで「ホーム」の「サービス」をタップし、「その他サービス」をタップし、「LINE Out Free」をタップ。

2 左上（Androidは右上）の ▦ をタップ。メッセージが表示されたら「利用開始」をタップ。

3 電話番号をタップし、📞 をタップすると通話できる。広告が表示されるのでしばらく待ち、右上（Androidは左上）に「×」が表示されたらタップして広告を閉じる。上部中央にある ▽ をタップして有料通話に切り替えることが可能。

ONE POINT LINE Outとは

　LINE Outは、LINEの友だち以外の携帯や固定電話にもかけることができるサービスです。無料のLINE Out Freeは広告が表示されますが（広告が表示されている間は操作不可）、最大5分間、1日5回まで無料で通話することができます。「無料通話を使い切った場合」や「通話先の国が無料通話に対応していない場合」「広告を観たくない場合」は有料通話もあります。なお、警察、消防、救急などの緊急機関にはかけられません。

LINEスタンプを作成する

絵に自信がなくても、アプリを使って簡単にスタンプを作成できる

SECTION01-09で説明したスタンプは、一般の人でも販売することができます。販売するには審査が必要となりますが、「手描きのイラスト」や「ペットの写真」を使ったスタンプをたくさんの人に使ってもらうことができます。また、お店や会社のオリジナルスタンプを作成すれば宣伝にもなります。

LINE Creators Studioに登録する

1 「LINE Creators Studio」アプリを起動し、⚙をタップ。

2 「ログイン」をタップ。利用規約が表示されたら読んで「OK」をタップ。

3 「許可する」をタップ。

ONE POINT LINEスタンプを作成するには

SECTION01-09で説明したスタンプは、一般の人でも販売することができます。LINE Creators Studioアプリ（無料）を使うと、スキャナや画像編集ソフトを使わずに、誰でも簡単にスタンプを作成することができます。

4 「確認」をタップ。メッセージが表示されたら「開く」をタップ。

5 ユーザー情報を入力し、「保存」をタップ。メッセージが表示されたら「OK」をタップ。この後、本人確認のメールが、メールアドレスに送られてくるのでリンクをタップ。

6 ⚙ をタップ。

7 「クリエイター名」をタップ。

8 英語で入力し、「完了」をタップ。

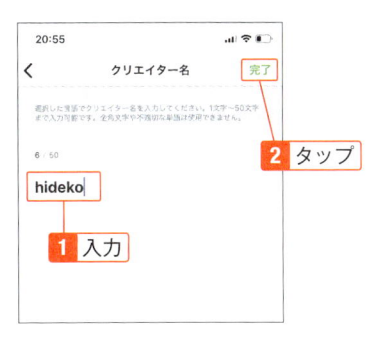

9 「言語を追加」をタップし、Japanese を選択して日本語名を入力。

10 「保存」をタップ。終わったら「＜」をタップしてTOP画面に戻る。

スタンプを作成する

1 「＋」をタップ。

2 タイトルを入力。絵文字や半角カナは使用不可。

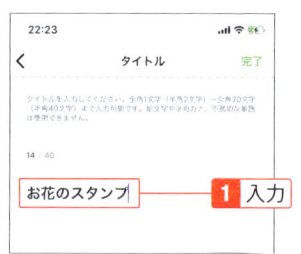

3 「＋」をタップ。

4 保存してある写真を使う場合は「アルバムの写真を使う」、その場で写真を撮る場合は「カメラで写真を撮る」、手書きする場合は「イラストを描く」をタップする。ここでは「アルバムの写真を使う」をタップ。写真へのアクセス許可のメッセージが表示された場合は「OK」をタップ。

1 タップ

5 使用したい写真をタップ。

1 タップ

6 図形の形にする場合は「かたち」、フレームを付ける場合は「デコフレーム」、自由に切り抜きたい場合は「なぞる」をタップ。ここでは「かたち」をタップ。

1 タップ

7 ここでは「まる」をタップ。ピンチアウトやドラッグをして必要な部分を囲む。「次へ」をタップ。

3 タップ

2 ドラッグ

1 タップ

8 「スタンプシミュレータ」をタップすると、イメージを確認できる。「次へ」をタップ。

9 「テキスト」をタップ。

10 文字を入力し、☑をタップ。

11 ピンチアウトとピンチインで文字サイズを変更できる。

12 「フォント」をタップしてフォントの種類を選択。

13 「＋」をタップしてフォントをダウンロードすることも可能。☑をタップ。

14 文字色や背景色も設定する。ここでは、「おはよう」の文字を2つ入力し、1つは紫、もう1つは灰色にし、影のように強調させた。設定が済んだら右上の「次へ」をタップ。

15 イメージが表示されるので、「保存」をタップ。メッセージが表示されたら再度「保存」をタップ。

16 スタンプを作成した。「OK」をタップ。

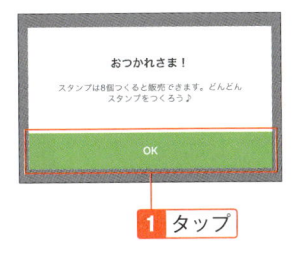

17 同様に8個以上のスタンプを作成する。「<」をタップすると前の画面に戻る。すぐに申請する場合は下部の「販売申請」をタップ。

ONE POINT　作成するスタンプの数

スタンプ販売をするには最低8個のスタンプが必要で、8個、16個、24個、32個、40個単位で1セットにして販売できます。なお、1つのパッケージ中で作成できるスタンプは40個までです。同じようなスタンプを作成する場合は、ベースとなるスタンプを作成してコピーすると早く作れます。スタンプをコピーするには、手順17の画面でスタンプをタップして、回をタップします。

LINEスタンプを販売する

作成したスタンプは、非公開にして仲間内だけで使うこともできる

スタンプのセットを作成したら販売してみましょう。ただし、販売基準を満たしているかどうかの審査を受けないと販売できません。無事に審査を通過して販売することになった場合、非公開にして特定の人だけが使えるようにすることも可能です。ここでは、スタンプの販売申請と管理画面について説明します。

販売申請をする

1 申請するスタンプのパッケージをタップ。

2 「販売申請」をタップ。

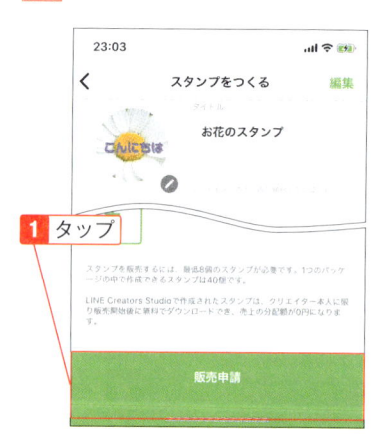

3 利用規約を読み「同意する」をタップ。

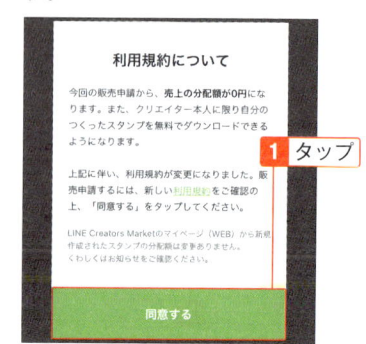

ONE POINT スタンプを販売するには

販売するには、申請して審査を受けなければなりません。申請前にガイドライン（https://creator.line.me/ja/guideline/sticker/）をよく読んでおきましょう。「権利の所在が明確でないもの」「権利者からの許諾が証明できないもの」は許可されません。また、「ロゴのみの画像」や「単純なテキストのみの画像」「スタンプ内の文字に誤りがあるもの」も認められません。

4 申請するスタンプの数を選択。

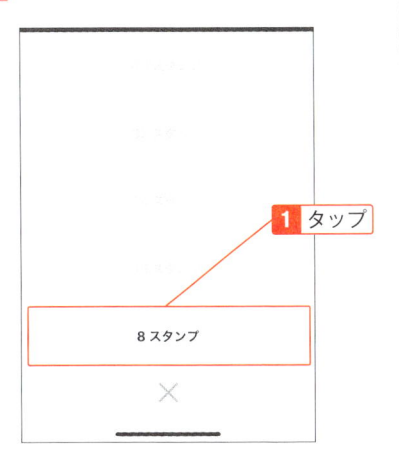

1 タップ

8 スタンプ

×

5 使用するスタンプにチェックを付け、「次へ」をタップ。

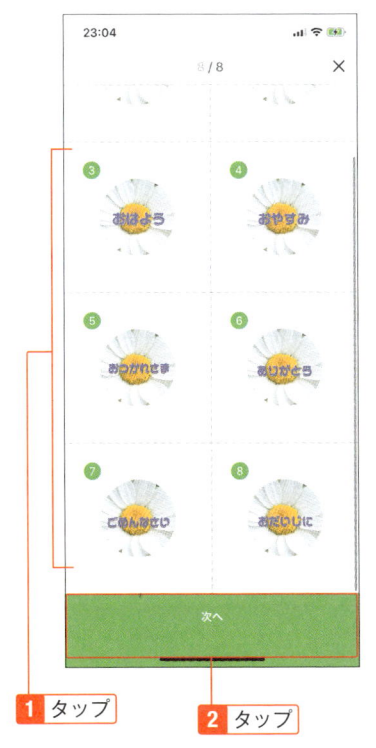

1 タップ

2 タップ

6 メインにする画像を選択し、「次へ」をタップ。

1 タップ　　**2** タップ

7 スタンプのタイトルを設定する。すでにあるタイトルでは販売できないので変更する。販売価格も入力。

1 入力

2 入力

8 写真を使用しているか否かを選択。「プライベート設定」をタップして公開するか否かを設定する。

1 タップ

2 タップ

9 LINEスタンププレミアムをタップし、「参加しない」をタップし、「次へ」をタップ。

2 タップ
1 タップ

10 プレビューを確認し、「次へ」をタップ。

1 タップ

11 規約を読み、「上記の内容に同意します」にチェックを付けて「リクエスト」をタップ。

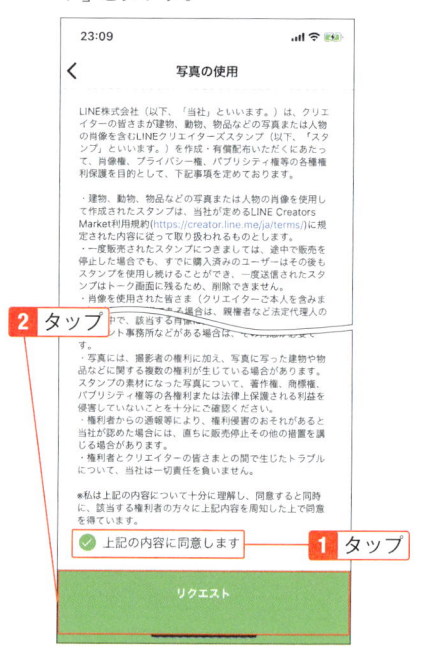

2 タップ
1 タップ

12 メッセージが表示されたら「リクエスト」をタップ。

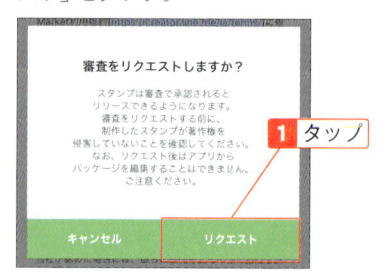

1 タップ

13 承認されるとトークとメールで通知が来るので、申請済みリストをタップし、スタンプセットをタップ。

14 「販売開始する」をタップ。メッセージが表示されるので「OK」をタップ。

LINE Creators Marketで販売スタンプを管理する

https://creator.line.me/ja/ にアクセスし、LINEのアカウントでログインすると、アイテム管理画面が表示される。

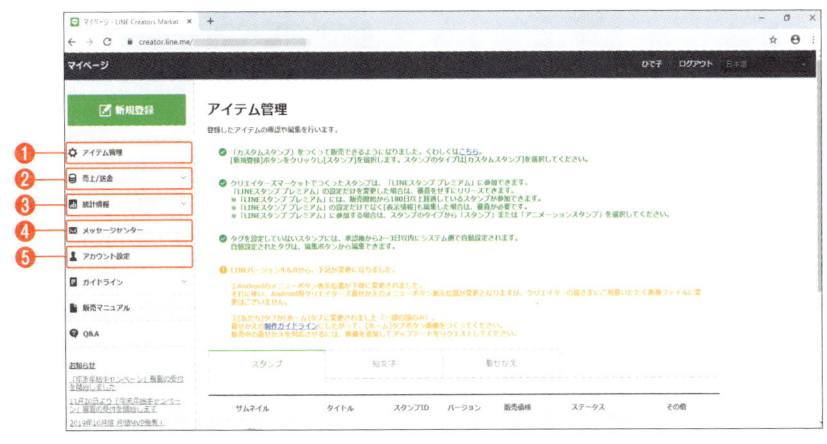

❶ アイテム管理：申請したスタンプ一覧が表示される
❷ 売上/送金：売上レポートや送金申請ができる
❸ 統計情報：スタンプごと、販売エリアごとの送受信数が表示される
❹ メッセージセンター：受信メッセージが表示される
❺ アカウント設定：名前や住所、メールアドレス、送金先などを設定できる

その他のサービス

ビジネスだけでなく、プライベートでも役立つサービスが豊富にある

LINEには、本書で解説したサービス以外にもさまざまなサービスがあります。いち早く知りたいニュースもLINE上で見ることができますし、LINE MUSICやLINEマンガ、LINE GAMEなど余暇を楽しめるサービスもいろいろあります。ほとんどが無料で使うことができるので、興味があるものは遠慮なく使ってみるとよいでしょう。

● ニュース

▲ 「LINE」アプリの下部にある「ニュース」をタップすると最新のニュースを見ることができます。さらに、上部の「エンタメ」や「スポーツ」などをタップすることで、ジャンルごとの記事を読むことも可能です。さらに左上（Androidは右上）の ≡ をタップし、「運行情報（路線設定）」をタップして電車の運行状況を調べることもできます。

● LINEスケジュール

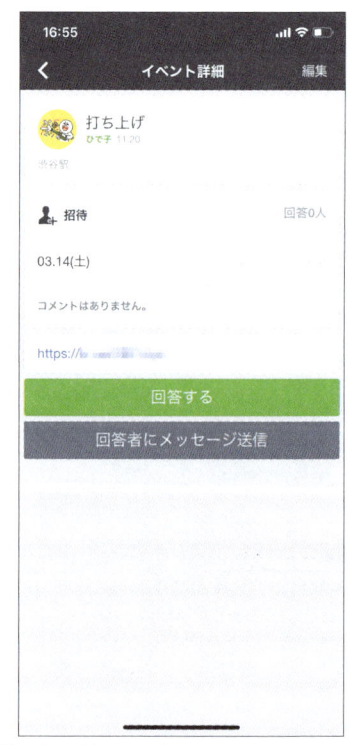

▲ 飲み会や忘年会などのイベントの日程を、友だちと共有して調整ができます。参加可能の日を選択してもらうだけなので、都合の良い日を口頭で聞く必要がなくなります。LINEスケジュールを利用するには、「LINE」アプリの「ホーム」の「サービス」→「その他サービス」→「LINEスケジュール」をタップします。

●証券

▲ LINEで株を買うことができます。本人確認として マイナンバーのアップロードが必要ですが、すぐに口座開設ができます。1株から購入でき LINE Payも使えます。利用するには、「LINE」アプリの「ウォレット」をタップし、「証券」をタップします。

●スマート投資

▲ 「ワンコイン投資」と「テーマ投資」があります。「ワンコイン投資」は、積立金額を決めて、資産運用を任せる投資です。1日500円から積立できます。「テーマ投資」は、プロが厳選した有望企業への分散投資です。興味のあるテーマを選ぶだけで簡単に投資できます。利用するには、「LINE」アプリの「ウォレット」をタップし、「スマート投資」をタップします。

LINEカーナビ

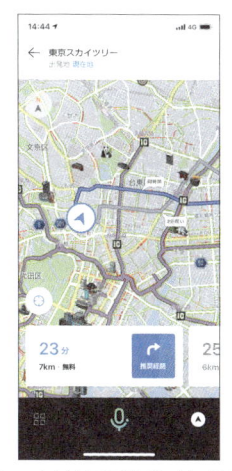

▲ 「LINEカーナビ」アプリをインストールして カーナビとして使えます。「目的地を東京駅にして」のように話しかけると案内してくれます。他にも、LINEグループへの送受信、音楽再生も 声をかけることで操作できます。

●LINE MUSIC

▲ LINEの定額制音楽聴き放題サービスです。音楽を聞くだけでなく、LINEで曲をシェアし、トーク画面で再生することもできます。無料トライアル期間があるので試してからはじめるとよいでしょう。利用するには、「LINE」アプリの「ホーム」の「サービス」→「LINE MUSIC」をタップします。

● LINE GAME

▲ LINE公式のゲームがたくさん用意されています。スタンプでおなじみのキャラクターや人気作品とコラボしたゲームなど、好みに合わせて選ぶことができます。利用するには、「LINE」アプリの「ホーム」の「サービス」→「LINE GAME」をタップします。

● LINEマンガ

▲「LINEマンガ」アプリをインストールすると、話題のマンガなど2000作品以上を毎日無料で読むことができます。LINEコインで購入できる有料マンガもあります。また、ユーザーが投稿したマンガを読めるLINEマンガインディーズもあります。

● LINEトラベルjp

▲ ホテル検索、航空券検索、ツアー検索などができる旅行比較サイトです。「LINE」アプリの「ホーム」の「サービス」→「LINEトラベルjp」をタップして表示できます。

● LINEモバイル

▲ LINEの格安スマホ・格安SIMのサービスです。LINEを頻繁に使う人向けのプランやLINE MUSIC利用者向けのプランなど、使い方に合わせてプランを選択できます。「LINE」アプリの「ホーム」の「サービス」→「LINEモバイル」から申し込めます。

Chapter

06

知っておくと便利な
LINEアプリの設定

LINEを使っていると、「知らない人からメッセージが来た」「メールアドレスを変更したい」といったことがあるかもしれません。そのようなときの設定について説明します。また、スマホを買い替えたときに、トーク内容を移行する方法も説明します。いざというときに役立つ設定ばかりを載せているので、一通り目を通しておくとよいでしょう。

既読を付けずにメッセージを読む

スマホの画面に通知を表示させることで、開かずに内容を読める

通常は相手がメッセージを読むと、「既読」が付きますが、トークルームを開いてみたものの、忙しかったり文章が書けなかったりなど何らかの事情で返信できないこともあります。そのようなとき、返信が来ないことで相手を不安にさせてしまうかもしれません。そこで、既読を付けずにメッセージを読む方法があるので紹介しましょう。

iPhoneでポップアップのメッセージを読む

1 「ホーム」をタップし、「設定」をタップ。

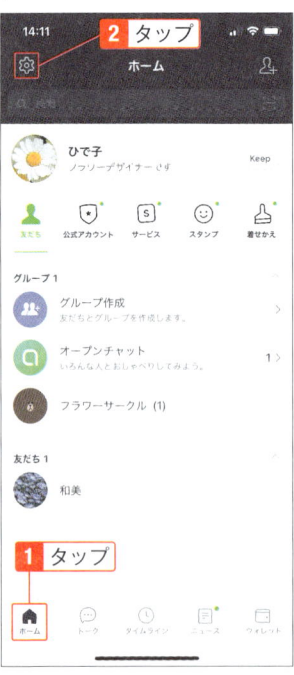

2 「通知」をタップ。

ONE POINT 既読を付けずに読む方法

既読を付けずに読む方法として、ここで紹介するように画面に表示される通知を使う方法やiPhoneの3DTouchを使う方法があります。また、他にも機内モードで読む方法などがあります。

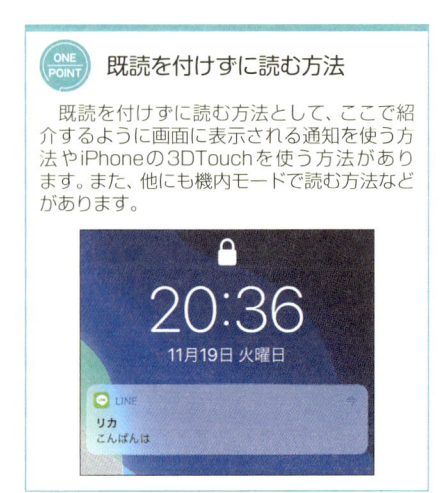

3 「新規メッセージ」と「メッセージ通知内容表示」「サムネイル表示」をオン。

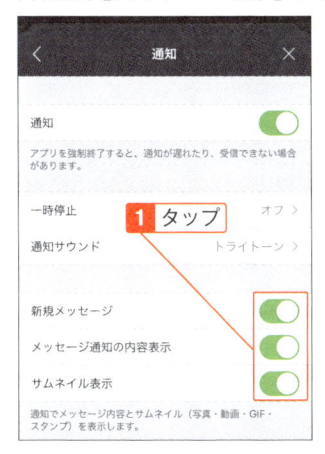

4 iPhone の「設定」アプリをタップ。

5 「LINE」をタップ。

6 「通知」をタップ。

7 「通知を許可」をオン（緑色）にし、「通知センター」にチェックを付ける。左上の「＜」をタップして戻る。

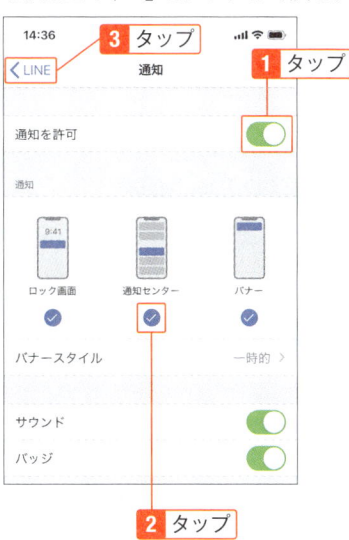

149

1 「トーク」をタップし、未読のトークを長押しする。

2 長押し

1 タップ

2 プレビューが表示され、メッセージを読める。

3D Touchとは

　3D Touchは、iPhone6sから搭載された機能で、画面を強く押し込む（圧力を加える）ことでいろいろな機能を使えます。iPhone11は標準で使えますが、iPhone Xや8の場合は、「設定」アプリを開き、「アクセシビリティ」→「タッチ」→「3D Touchおよび触覚タッチ」→「3D Touch」をオンにします。

1 「ホーム」の「友だち」をタップし、⚙ をタップ。

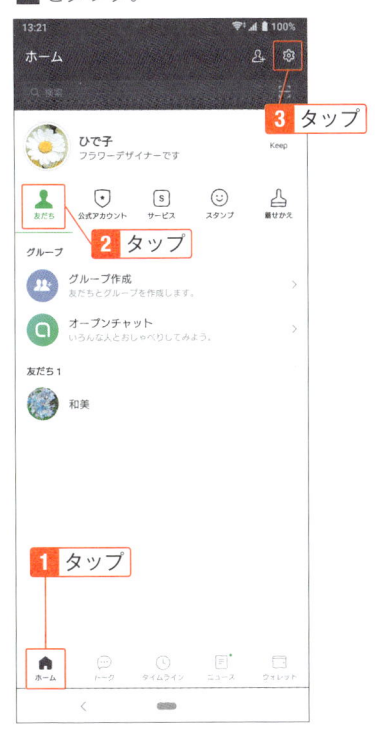

2 「通知」をタップ。

3 「メッセージの通知の内容表示」をオンにする。

ONE POINT 通知が表示されない

　Androidで通知が表示されない場合は、「設定」アプリの「アプリと通知」（機種によっては「アプリ」）→「LINE」→「通知」をタップし、「通知の表示」がオンになっていることを確認してください。

メッセージが届いたときに
画面に内容を表示させないようにする

内容表示をオフにすると、メッセージが届いたことだけが通知される

前のSECTIONで通知をオンにしましたが、メッセージが届いたときに、他の人にスマホの画面をのぞかれると内容を見られてしまいます。また、LINE Payの支払いで店員に画面を見せた時にメッセージを読まれることもあるかもしれません。見られたら困るという人は、内容表示をオフにしておきましょう。

メッセージの内容表示をオフにする

1 「ホーム」の ⚙ をタップし、「通知」をタップ。

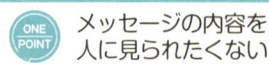

2 「新規メッセージ」がオン（緑色）になっている状態で、「メッセージ通知の内容表示」をオフ。「＜」をタップして戻る（Androidの場合は「メッセージの通知の内容表示」をオフ）。

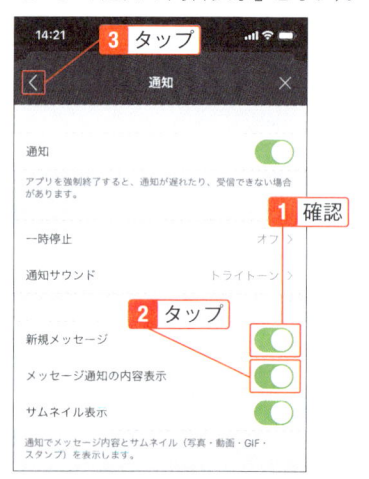

3 メッセージが表示されなくなる。

ONE POINT メッセージの内容を
人に見られたくない

スマホの通知をオンにしておけば、LINEにメッセージが来た時にすぐにわかり便利なのですが、スマホを置きっぱなしにしたときに他人に見られたり、お店の人にスマホを見せたときに表示されたりすることもあります。見られたくない場合は、ここでの設定をしてください。

パスワードやメールアドレスを変更する

機種変更やアプリの再インストールをした時、必要になる情報

乗っ取りがあった場合や、パスワードが盗まれた可能性がある場合は、パスワードを変更しましょう。ただし、パスワードは、アプリを再インストールしたときやスマホを買い替えたときに必要になるので、変更後のパスワードを忘れないようにしてください。また、登録メールアドレスを変更する方法についても覚えておきましょう。

パスワードを変更する

1 「ホーム」をタップし ⚙ をタップ。

2 「アカウント」をタップ。

3 「パスワード」をタップして変更できる。メールアドレスを変更する場合は「メールアドレス」をタップして変更する。ロックの画面が表示されたら解除する。

4 パスワードの場合は、新しいパスワードを2回入力し、「変更」をタップ。

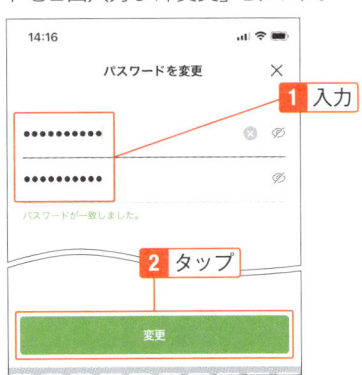

知らない人や関わりたくない人と LINEでつながらないようにする

友だちの自動追加やブロック、受信拒否などの設定を確認しよう

見知らぬ人とLINEで繋がることでトラブルになることもあります。また、アドレス帳に登録している知り合いであっても、LINEではつながりたくない人もいるでしょう。そのようなときの設定について説明します。万が一、迷惑なことをされてやり取りを止めたい時にはブロックすることも可能です。

IDによる友だち追加ができないようにする

1 「ホーム」をタップし、⚙をタップ。

2 「プライバシー管理」をタップ。

3 「IDによる友だち追加を許可」をオフにする。「＜」をタップして前の画面に戻る。

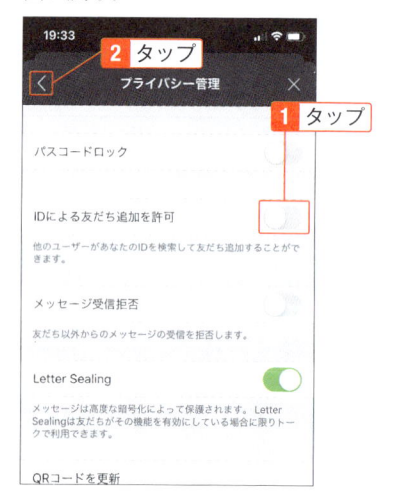

ONE POINT

IDでヒットして 友だち追加されることもある

IDで検索できるようにしておくと、見知らぬ人がランダムで検索して友だち追加をしてくる場合があります。なかには、悪意のある人もいるので、IDによる追加は通常オフにしておき、信頼できる人を友だち追加するときだけオンにするとよいでしょう。なお、安全上、18歳未満は、利用手続きの際に年齢確認を行っておくと、IDによる検索ができないようになっています。

知らない人からのメッセージを拒否する

1 「プライバシー管理」をタップ。

2 「メッセージ受信拒否」をオンにする。「＜」をタップして前の画面に戻る。

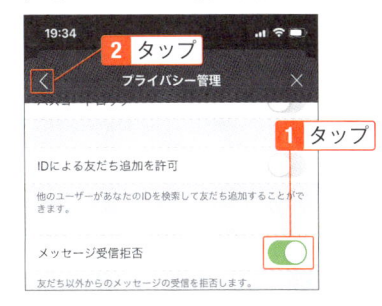

 知らない人から メッセージが来た

　自分から友だち登録をしていなくても、相手のスマホの連絡先に自分の電話番号があったり、IDを類推されたりすると、登録してメッセージを送ることができます。受け取りたくない場合は、ここでの方法で受信を拒否してください。

自動で友だちを追加したり、されないようにする

1 「ホーム」の⚙をタップし、「友だち」をタップ。

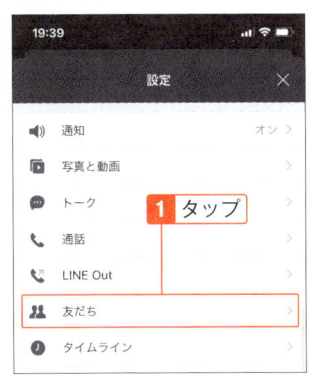

2 「友だち自動追加」をオフにする。

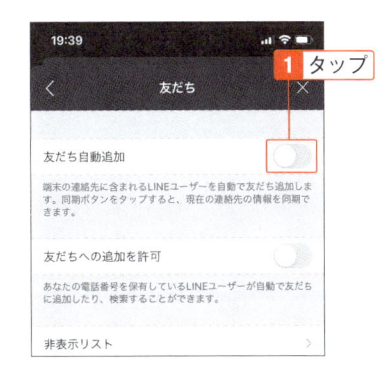

 友だち自動追加はオフにしておく

　友だち自動追加は、アドレス帳の連絡先を元に自動的に友だち登録ができるので、一見便利に思えます。しかし、自動追加することにより、望まない人ともつながってしまう可能性があるので、自動追加はオフにしておいた方がよいでしょう。

3 同様に「友だちへの追加を許可」を
オフにし、「<」をタップして戻る。

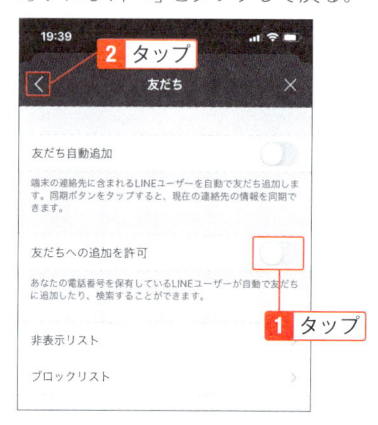

友だちへの追加を許可とは

ONE POINT

「友だちへの追加を許可」は、自分の電話番号を登録している人に友達追加されないようにする設定です。もし、オンにしていた場合、相手が自分を登録したときに「知り合いかも?」に表示され、登録された理由が表示されます。「知り合いかも?」に表示されないようにするには、「友だちへの追加を許可」と先ほどの「IDによる友だち追加」をオフにしてください。

迷惑な人をブロックする

1 「ホーム」の「友だち」をタップし、ブロックしたい相手の名前を長押しし、「ブロック」をタップ。メッセージが表示されたら「OK」(Androidの場合は「ブロック」)をタップ。

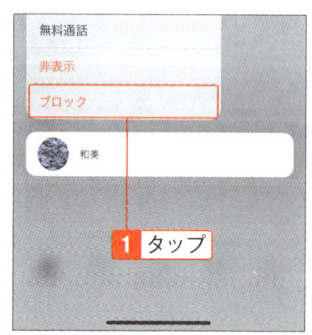

ブロックとは

ONE POINT

連絡をして欲しくない人がいる場合は、相手をブロックしてメッセージを受信しないようにできます。ブロックされていることは、相手に表示されませんが、「自分が送ったメッセージに、「いつまでも既読が付かない」「今まで見られたタイムラインを見られなくなる」といったことから、ブロックされていることを類推できます。ブロックすることで相手との関係が悪くならないように気を付けてください。

2 友だち一覧から削除される。

ブロックを解除する

1 「ホーム」の ⚙ をタップし、「友だち」をタップ。

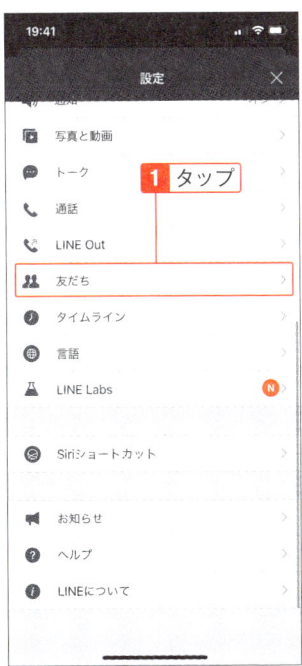

2 「ブロックリスト」をタップ。

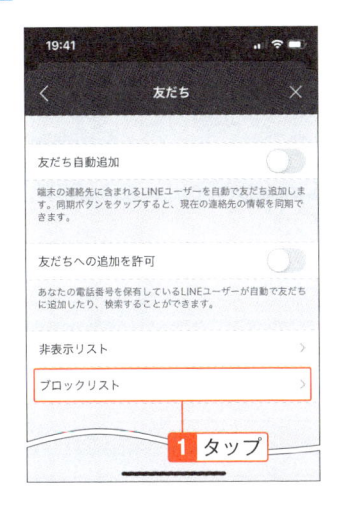

3 ブロックを解除する友だちにチェックを付け（Androidの場合は「編集」をタップ）、「ブロック解除」をタップ。メッセージが表示されたら「ブロック解除」をタップ。

 ブロックせずに、特定の人を非表示にするには

「ホーム」の「友だち」画面で、ブロックしたい友達を長押しし、非表示をタップして「OK」をタップします。再表示する場合は、「ホーム」→ ⚙ →「友だち」→「非表示リスト」で再表示する友だちの「編集」をタップし、「再表示」をタップします。なお、非表示にした相手からメッセージが来たときには、トーク一覧に表示されます。

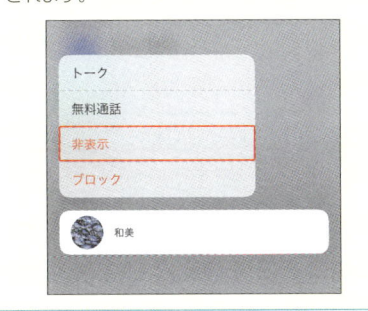

新しいスマホでLINEを使用する

トークのバックアップを取ってから、新しいスマホでログインする

スマホを買い替えた場合、新たにアカウントを作り直さなくても今まで使っていたものを使えます。その際、これまでのトークの内容が消えてしまうので、バックアップを取っておきましょう。バックアップデータは、iPhoneはiCloudドライブに、AndroidはGoogleドライブに保存します。

iPhoneでトークのバックアップを取る

1 「ホーム」の ⚙ をタップし、「トーク」をタップ。

2 「トークのバックアップ」をタップ。

3 「今すぐバックアップ」をタップしてiCloudに保存する。

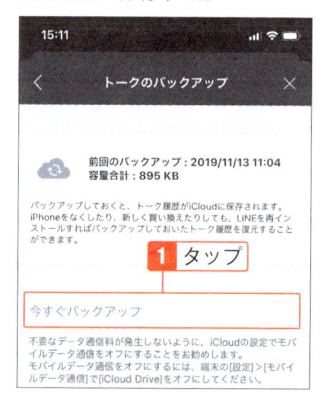

ONE POINT 接続されていないと表示されたら

「iCloudに接続されていません」と表示されている場合は、iPhoneの「設定」アプリで一番上にある自分のアイコンをタップし、Apple IDにサインインした状態で、「iCloud」をタップして「LINE」をオンにします。

1 「ホーム」画面の ⚙ をタップし、「トーク」をタップ。

3 「Googleドライブにバックアップする」をタップ。

2 「トーク履歴のバックアップ・復元」をタップ。

4 Googleアカウントをタップし、「OK」をタップ。アクセス許可のメッセージは「許可」をタップ。

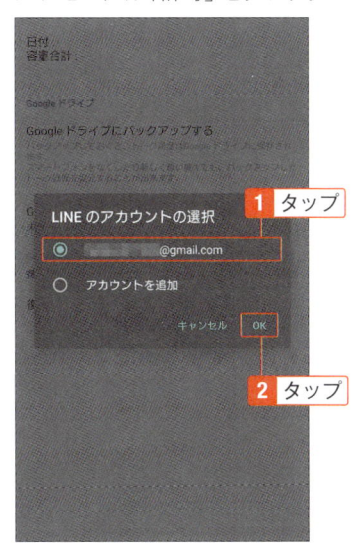

アカウントを引き継げるようにする

1 「ホーム」画面の ⚙ をタップし、「アカウント引継ぎ」をタップ。

ONE POINT アカウントの引継ぎ

36時間以内に新しいスマホでログインします。新しいスマホにログインすると、過去のトーク内容は消え、古いスマホのトークも見ることができないので、このSECTIONの方法でバックアップを取っておき、新しいスマホに取り込んでください。

2 「アカウントを引継ぐ」をタップし、「OK」をタップ。

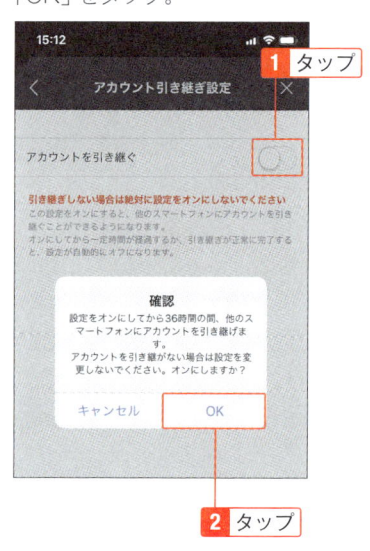

新しいスマホでログインする

1 新しいスマホにLINEアプリをインストールして起動する。「はじめる」をタップ。

2 携帯電話の番号を入力し、「OK」をタップ。

3 SMSで送られてきた番号を入力。

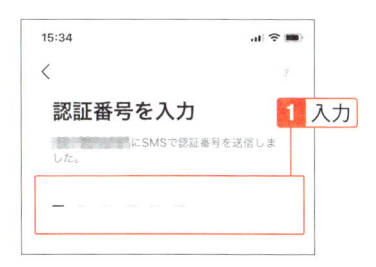

4 「友だち自動追加」と「友だちへの追加を許可」のチェックをはずし、「→」をタップ。

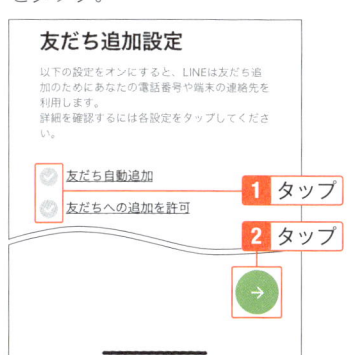

5 「トーク履歴を復元」をタップして、トーク内容を復元する。以降、LINEの利用登録をしたときと同様に画面の指示に従って操作する（SECTION01-02参照）。

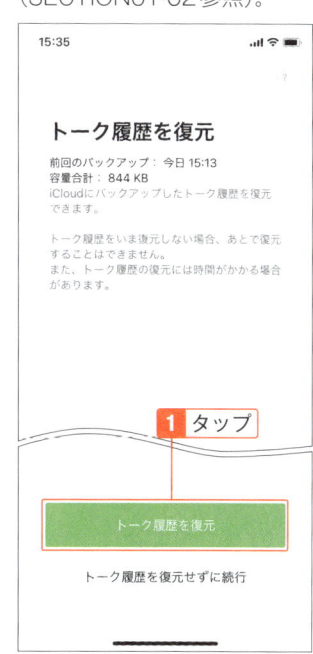

Androidでトークを復元する

1 新しいスマホのLINEにログインし、「友だち」画面の ⚙ をタップし、「トーク」→「トーク履歴のバックアップ・復元」をタップ。

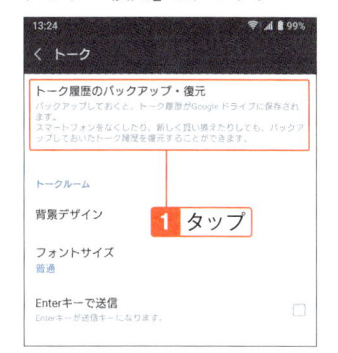

2 「復元する」をタップ。

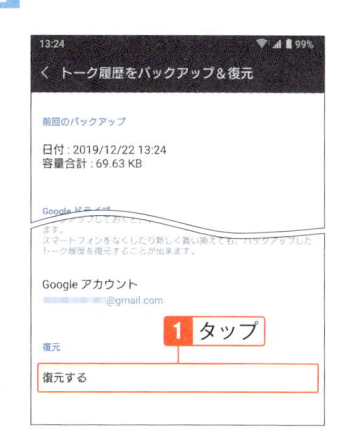

LINEの利用を止める

購入したコインやスタンプ、登録した友だちなどを消失するので慎重に

LINEを止めたいときやアカウントを作り直したいときにはアカウントを削除します。ただし、登録した友だちや購入したスタンプ、LINEコインなども失うことになります。せっかく得たもの、買ったものを取り戻したいと思っても復元できないので、よく考えた上で削除の操作してください。

アカウントを削除する

1 「ホーム」画面の⚙をタップし、「アカウント」をタップ。

2 「アカウント削除」をタップし、「次へ」をタップ。

3 内容を確認してチェックを付け、「アカウントを削除」をタップ。その後スマホからLINEアプリをアンインストールする。

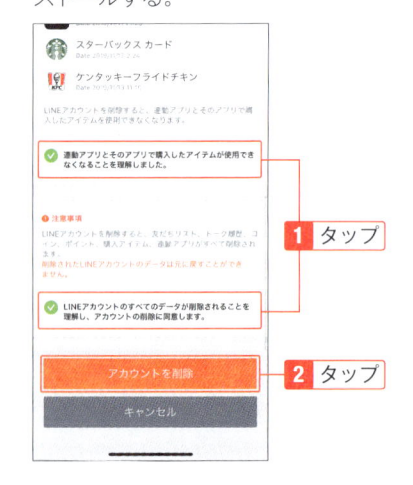

ONE POINT アカウントの削除は慎重に行う

アカウントを削除すると、LINEのすべてのメッセージ、友だちリスト、有料スタンプなどが削除されます。また、連携アプリのアカウントも利用できなくなり、LINEコインやLINEポイントも失います。もし、しばらくLINEを使いたくないのなら、スマホからLINEをアンインストールすることも検討してみましょう。

Chapter 07

集客やファン作りに役立つ
公式アカウントをはじめよう

LINEには、ビジネス向けの「公式アカウント」というサービスがあります。従来、中小企業や個人事業主が集客アップをはかるには、広告を出したり、ホームページの作成を業者に頼んだりしてコストがかかるものでした。そこで、LINEを利用した公式アカウントです。公式アカウントならコストをかけずに誰でも利用することができ、集客・販促の効果もアップすると言われています。この章では公式アカウントの始め方と基本的な操作を説明します。

公式アカウントとは

ブログやメルマガよりも集客・販促ツールとして効果がある

公式アカウントには、個人のLINEアカウントとは異なるさまざまな機能があります。まずはどのようなことができるのかを紹介しましょう。利用する際には3つのプランありますが、無料の「フリープラン」でも十分対応できるので、友だち登録者数が増えてきたら有料プランに切り替えるとよいでしょう。

公式アカウントとは

　LINEには、Chapter01〜03で解説した個人アカウントとは別に、ビジネスで使うための「公式アカウント」があります。以前は「LINE@」という名前で提供されていましたが、すでにどこかの企業や店舗を友だち登録していて、定期的に新商品の紹介やクーポンなどを受け取っている人も多いのではないでしょうか。

　実はこの公式アカウント、誰でも開設して利用することができるのです（一部禁止されているビジネスもあります）。LINEは圧倒的にユーザー数が多く、頻繁に使われているので、ブログやメルマガなどよりも閲覧してもらえる可能性が高いことから、集客・販促ツールとして注目されているサービスです。

公式アカウントでできること

●**友だち追加している人達への
　一斉送信（SECTION08-06）**

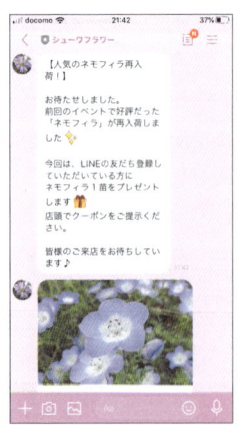

▲友だち登録している人に、メッセージや写真、動画などを一斉配信することができます。指定した日時を予約して配信することも可能です。

●**自動応答（SECTION07-08、
　07-09、08-07）**

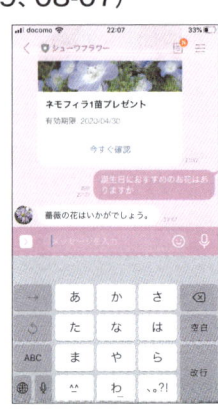

▲友だち追加してくれた人に自動的にメッセージを送ったり、特定の単語が入力されたときに自動で返信したりできます。また、AIを使った応答メッセージもあります。

●1対1のトーク（SECTION08-10）

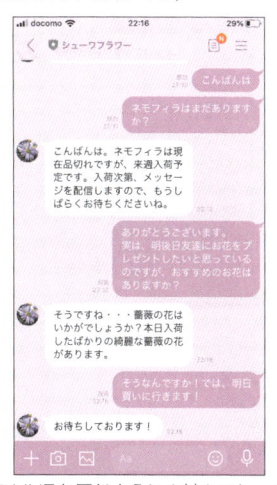

▲個人のLINEと同じように1対1のトークも可能です。誰とでもトークできるわけではなく、友だち登録している人からメッセージが届いたときのみ返信可能です。

●クーポン（SECTION08-05）

▲「10%引きクーポン」や「○○プレゼント」のようなクーポンを配信できます。抽選で当たるクーポンにすることもできます。

●プロフィールページ（SECTION07-05）

▲会社や店舗の住所や電話番号、地図などを入れられるプロフィールページがあります。クーポンやショップカードのボタンを表示することも可能です。

●ショップカード（SECTION08-12）

▲スマホでスタンプを貯められるカードを作成して配布できます。紙のスタンプカードのように、紛失したり、かさばったりすることがありません。

● タイムライン（SECTION08-11）

▲ 個人のLINEと同じようにタイムラインが使えます。生花店なら「仕入れ先の農家へ行った話」、レストランなら「新作メニューの紹介」などを書き綴って、お客様とコミュ─ケーションを取ることができます。

● 分析（SECTION08-13）

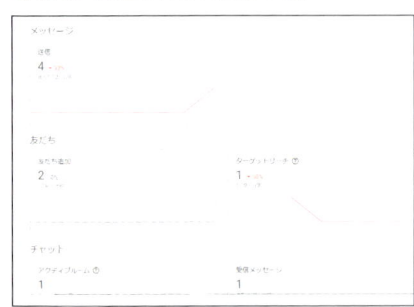

▲ 友だち追加の数、メッセージのリンクをクリックされた数、クーポンが利用された数などを一覧で見ることができます。それらを分析して、今後の配信方法やメッセージの内容などを改善して集客アップをはかります。

● リサーチ（SECTION08-08）

▲ トーク画面で、アンケートを取ったり、クイズを楽しんでもらったりができます。参加の謝礼としてクーポンを配布することもできます。

● 複数人での管理（SECTION08-15）

▲ 公式アカウントを複数のスタッフで管理することができます。「管理者」「運用担当者」「運用担当者（配信権限なし）」「運用担当者（分析の閲覧権限なし）」ように権限を指定できます。

公式アカウントのプラン

公式アカウントには、「フリープラン」「ライトプラン」「スタンダードプラン」があり、無料で配信できる月単位のメッセージ数がそれぞれ異なります。

	フリープラン	ライトプラン	スタンダードプラン
月額固定費	無料	5,000円	15,000円
無料メッセージ通数	1,000通	15,000通	45,000通
追加メッセージ料金	不可	5円	～3円 ※詳細はこちらよりご確認ください。

▲LINE公式アカウント料金プラン　htstps://www.linebiz.com/lp/line-official-account/plan/

アカウントの種類

アカウントには「認証済アカウント」と「未認証アカウント」の2つのタイプがあります。認証済アカウントは、審査に合格したアカウントで、認証済バッジが付与され、LINEアプリ内の検索結果に表示されるようになり、インターネット上にも公開されます。未認証アカウントは、誰でも取得できるアカウントで検索結果には表示されません。未認証アカウントから認証済みアカウントへ移行することも可能です（SECTION07-07参照）。

◀認証済みアカウントには認定済みバッチが付与される。

07-02

SECTION

公式アカウントを作成する

⚠ Check 新たにビジネス用のアカウントを作成できる

公式アカウントを始めるにあたってアカウントが必要となります。普段使用している
LINEアカウントと連携させて使うこともできますが、メールアドレスを使って新たに
ビジネスアカウントを作成することもできます。登録する際にはアカウント名や業種
の設定が必要なので、目的にあうように設定してください。

アカウントを開設する

1 パソコンで、LINE for
Business（https://www.
linebiz.com/jp/）のアカ
ウントの開設ページ
「https://www.linebiz.
com/jp/entry/」にアクセ
スし、「未認証アカウント
を開設する」をクリック。

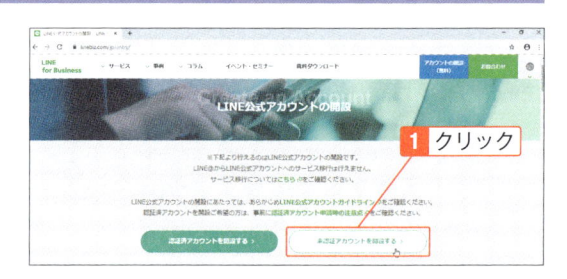

ONE POINT 認証済みアカウントに申請する場合

認証済みアカウントを申請するところから始める場合は、Webサイトに明記されているメールアドレス
で認証手続きします。申請してから5～10営業日ほどかかり、実在する事業者であること、規約に反
した業種でないことなどを審査されます。出会い系やネットワークビジネスなど開設できないサービス
や業種があるので、手順1の「認証済みアカウントを開設する」の上にある注意事項をよく読んでから申
請してください。もし、申請内容に不備があって却下された場合は、修正後に再申請することができま
す。

---

2 「アカウントを作成」をクリック。

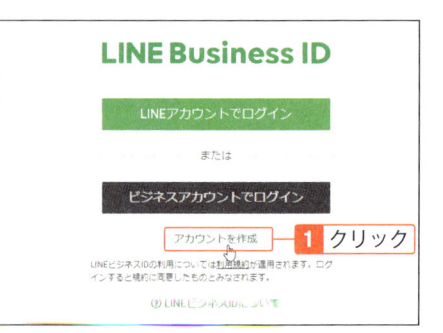

**ONE POINT LINE Official Account
Managerで使用するブラウザ**

EdgeやSafariでも使えますが、執筆時点
（2019年12月現在）ではチャット機能が
Chromeでないと使えないため、本書では
Chromeを使って解説しています。Chrome
は、https://www.google.com/intl/ja_jp/
chrome/　からダウンロードできます。なお、
Internet Explolerはサポート対象外となって
います。

3 「メールアドレスで登録」
をクリック。

4 メールアドレスを入力し、
「登録用のリンクを送信」
をクリック。

5 メールに送られてきたリ
ンクをクリック。

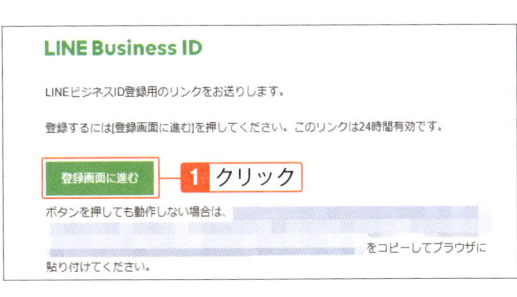

6 アカウント名とパスワー
ドを入力。

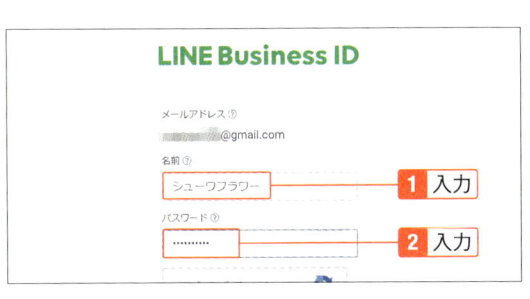

7 「私はロボットではありません」にチェックを付け、「登録」をクリック。

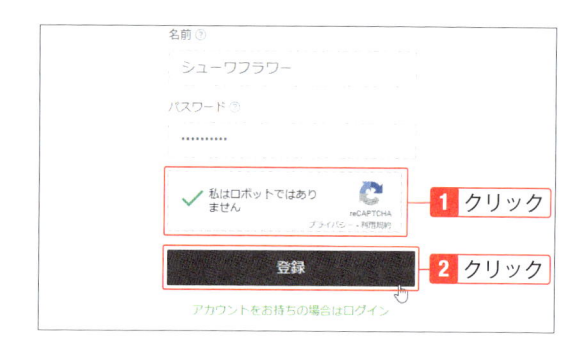

8 「登録」をクリック。

9 「サービスに移動」をクリック。

10 登録画面が表示されるので、アカウント名を入力。

11 業種を選択し、「確認する」をクリック。

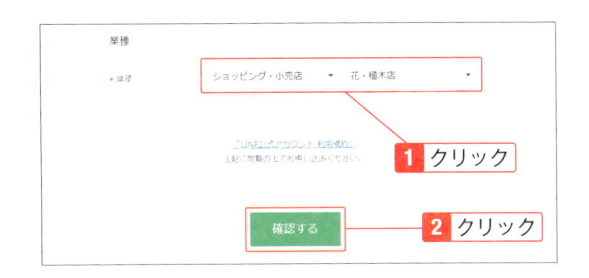

12 「完了する」をクリック。

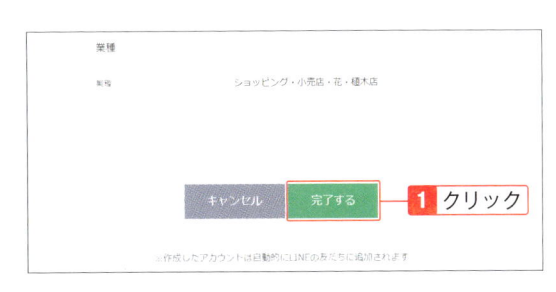

13 「LINE Official Account Manager へ」をクリック。

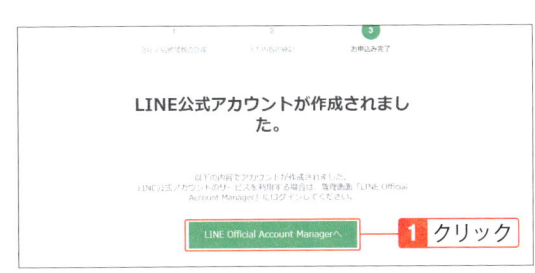

14 「同意」をクリックすると「LINE Official Account Manager」画面が表示される。

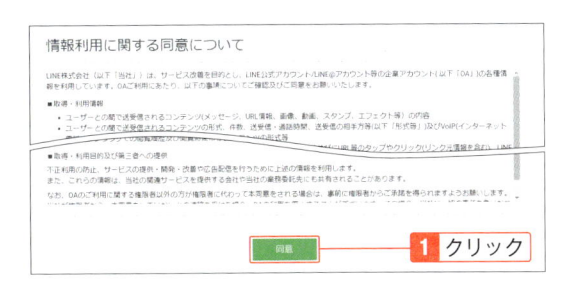

 ログアウト・ログインするには

LINE Official Account Manager画面右上のアイコンをクリックし、「ログアウト」をクリックします。ログインする場合は、手順1の画面右上にある「管理画面ログイン」をクリックし、「LINE公式アカウント管理画面」の「管理画面」→「ビジネスアカウントでログイン」（普段使っているLINEのアカウントの場合は「LINEアカウントでログイン」）をクリックします。

スマホのアプリで公式アカウントを使う

⚠ Check パソコンがないときには「公式アカウント」アプリを活用する

公式アカウントを使いこなすにはパソコンでの操作がおすすめですが、パソコンがない時や急いでいるときにはスマホの方が便利です。スマホで公式アカウントを管理できる「LINE公式アカウント」のアプリがあり、メッセージの配信やクーポンの作成などはスマホでも対応できるようになっています。

「LINE公式アカウント」アプリでログインする

1 スマホに「LINE公式アカウント」アプリをダウンロードして開き、「メールアドレスでログイン」をタップ。普段使っているLINEのアカウントの場合は「LINEアプリでログイン」をタップし、次の画面で「許可する」をタップ。

2 「ビジネスアカウント」をタップ（普段使っているLINEのアカウントの場合は「LINEアカウント」をタップ）。

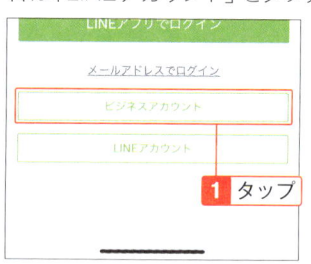

3 ビジネスアカウントのメールアドレスとパスワードを入力し、「ログイン」をタップ。

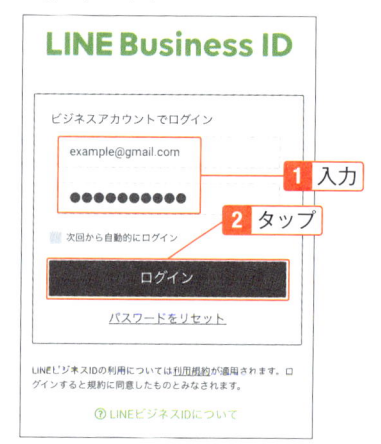

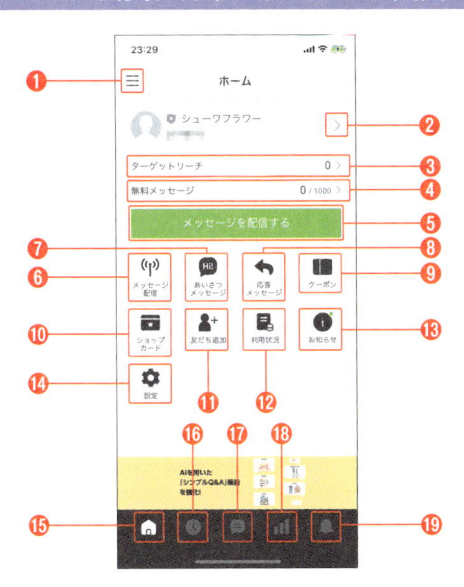

❶ 三 : アカウントの切り替えや作成、ログアウトするときにタップする

❷ ＞ : アカウントを設定できる

❸ **ターゲットリーチ** : 分析画面を表示する

❹ **無料メッセージ** : プレミアムIDの購入やメッセージ数が表示される

❺ **メッセージを配信する** : メッセージを送信するときにタップする

❻ **メッセージ配信** : メッセージの予約ができる

❼ **あいさつメッセージ** : 友達が追加されたときの自動メッセージを作成する

❽ **応答メッセージ** : メッセージを受信したときの自動メッセージを作成する

❾ **クーポン** : クーポンを作成する

❿ **ショップカード** : ポイントカードを作成する

⓫ **友だち追加** : URLや友だち追加ボタンの表示

⓬ **利用状況** : プレミアムIDの購入やメッセージ数が表示される。❹と同じ。

⓭ **お知らせ** : LINE公式アカウントからのお知らせが表示される

⓮ **設定** : アカウントの設定や権限、応答設定、タイムライン設定などができる

⓯ ホーム画面を表示する

⓰ タイムラインを表示する

⓱ メッセージ一覧が表示される

⓲ 分析画面が表示される

⓳ 通知が表示される

 公式アカウントの解説画面

「LINE公式アカウント」アプリは、すべての機能が使えるわけではなく、「リッチメッセージ」「リッチメニュー」の作成などはパソコンで操作しなければなりません。そのため、本書ではパソコンでの操作をメインとし、スマホで可能な操作はワンポイントで補足します。

07

集客やファン作りに役立つ公式アカウントをはじめよう

アカウントを設定する

⚠ アカウントには画像や住所など商用にふさわしい設定をする
Check

メッセージを配信する際には、アカウント設定画面でプロフィール画像として設定した画像が表示されます。常に表示される画像なので、お店や商品に適した画像を選択するようにしましょう。また、住所やトークルームの背景色などもアカウント設定画面で一緒に設定しておきましょう。

アカウントを設定する

1 「設定」をクリック。

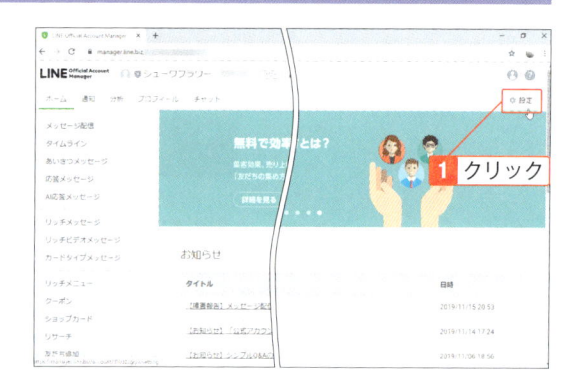

2 「アカウント設定」画面が表示される。「ステータスメッセージ」の ✎ をクリック。

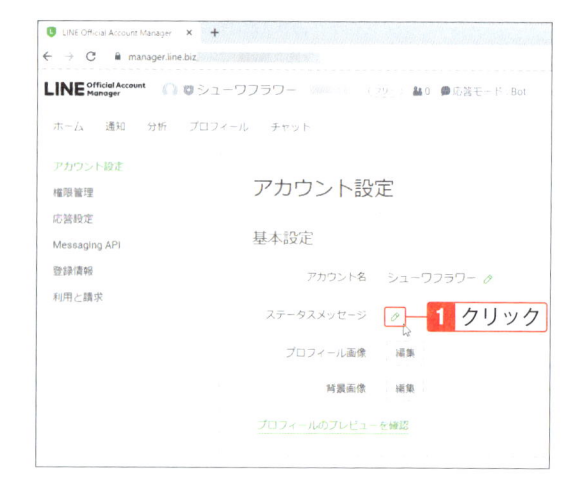

 アカウント名を変更するには
ONE POINT

アカウント解説の際に入力したアカウント名を変更したい場合は、手順2の画面で、アカウント名の ✎ をクリックして変更することができます。

3 ステータスメッセージを入力し、「保存」をクリック。

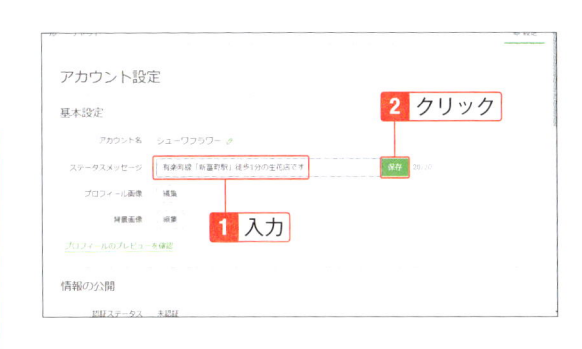

ONE POINT
ステータスメッセージとは

20字までのメッセージを入れることができ、「〇〇駅近くの洋菓子店」「〇月〇日〇〇イベント開催」など自由に入力できます。なお、一度変更すると1時間以内は変更できないので注意してください。

4 「保存」をクリック。

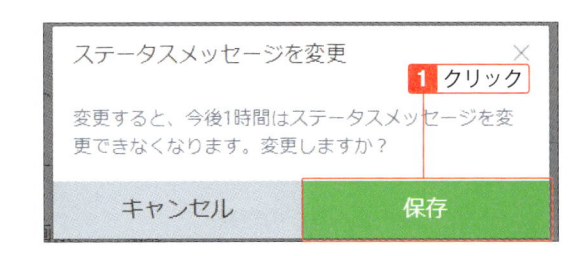

5 プロフィール画像の「編集」をクリック。

6 「ファイルを選択」をクリックして画像ファイルを選択するか、ファイルをドラッグアンドドロップして追加する。

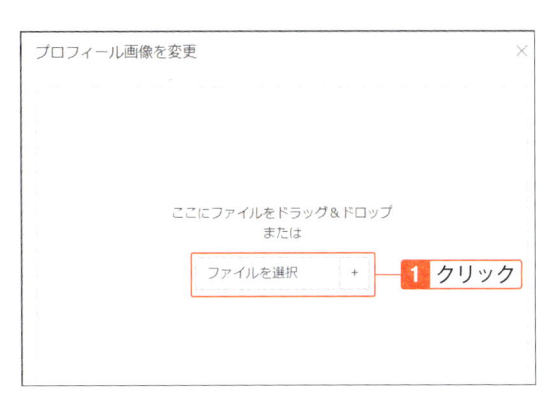

集客やファン作りに役立つ公式アカウントをはじめよう

7 ドラッグして必要な部分のみを囲み、「保存」をクリック。1時間は変更できないというメッセージが表示されたら「保存」をクリック。

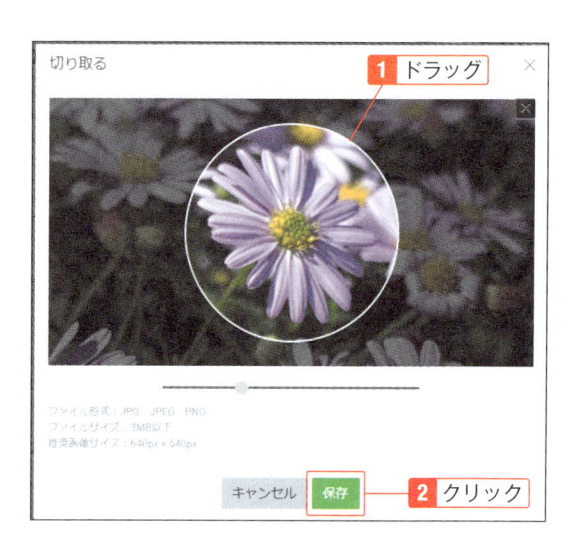

8 「背景画像」の「編集」をクリックし、トーク画面の背景色を選択する。タイムラインに投稿するか否かは「投稿しない」をクリック。

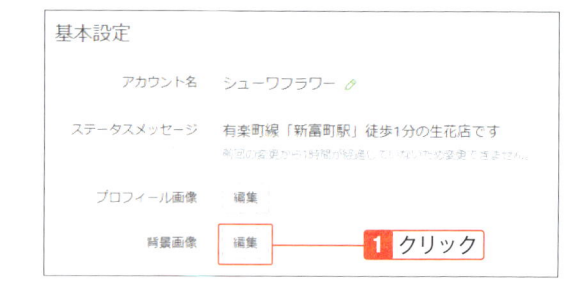

9 「位置情報」の「編集」をクリック。

10 「住所」ボックスに会社や店舗の住所を入力。「位置情報」ボックスに住所を入力し、「検索」をクリック。地図が表示されたら「保存」をクリック。

11 「グループ・複数人チャットへの参加を許可する」にすると、通常のLINEグループのように公式アカウントをグループに参加できる。

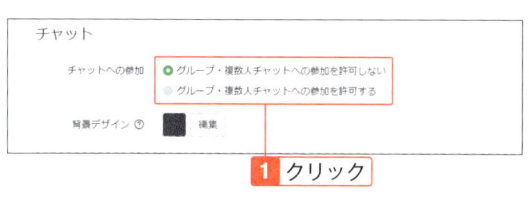

12 「背景デザイン」の「編集」をクリックしてトーク画面の色を設定する。

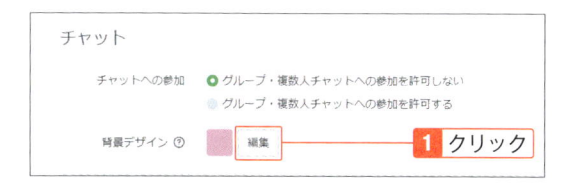

ONE POINT 「LINE公式アカウント」アプリでアカウントを設定する

「LINE公式アカウント」アプリのホーム画面にあるアカウント名をタップすると、アカウントの設定画面が表示され、プロフィール画像やアカウント名、ステータスメッセージ、位置情報の設定ができます。

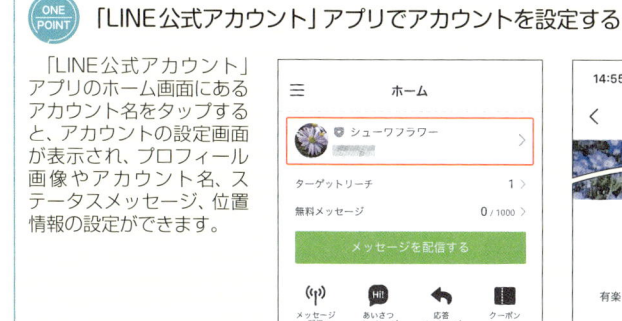

プロフィールページを作成する

(!) プロフィールページは公式アカウント内のホームページのようなもの

お客様がお店の営業時間や住所などを知りたい時に、プロフィールページを見ればすぐにわかるように正しく設定しておきましょう。地図を入れておけば迷うこともありません。電話番号も設定しておけば、スマホでタップして電話をかけられます。設定後はプレビューを確認してから公開してください。

プラグインを設定する

 「プロフィール」をクリック。

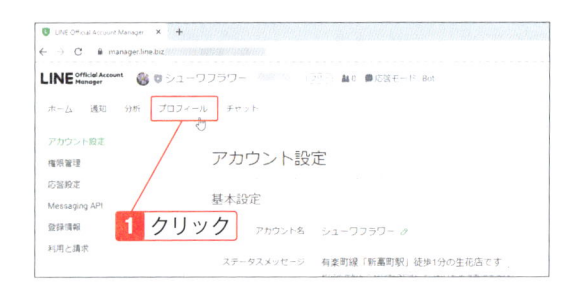

ONE POINT プロフィールページとは

何のアカウントであるかがわかるように自己紹介を入れるページのことです。電話番号や地図を入れておけば、直接来てもらえるかもしれません。また、クーポンやショップカードのボタンを入れることもできるので、工夫しながら作成しましょう。

 新しいタブに「プロフィールページ設定」画面が表示される。プラグインを追加するので、「追加」をクリック。

ONE POINT プラグインとは

プロフィールページは、プラグインというスペースで構成され、6つのプラグインが用意されています。

テキスト：写真と文章を入れられます。
コレクション：メニューや商品などを一覧表示することができます。
ショップカード：ショップカード（SECTION08-12）を追加できます。
クーポン：クーポン（SECTION08-05）を追加できます。
基本情報：会社や店舗の住所や営業日時を表示できます。
最新コンテンツ：タイムラインの最新の投稿を表示できます。

3 「基本情報」にチェックを付け、「OK」をクリック。

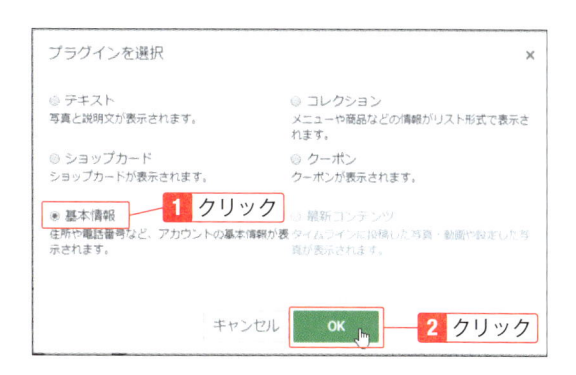

4 「紹介文」にチェックを付けて、30字以内で文章を入力。

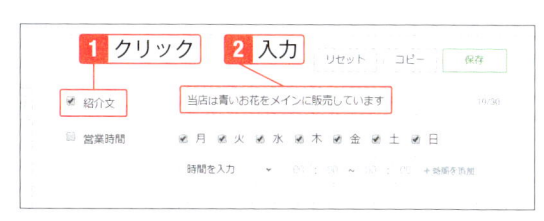

5 「営業時間」にチェックを付け、営業している「曜日」にチェックを付ける。営業時間も入力する。

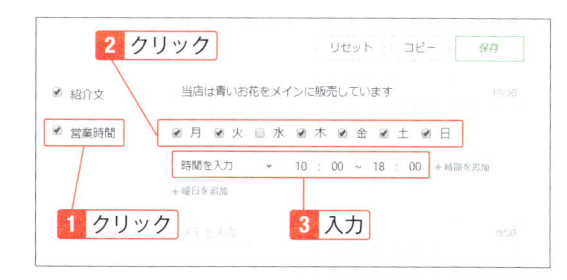

ONE POINT　イレギュラーの営業についても記載する

お盆休みや年末年始など、イレギュラーの営業時間がある場合は「メモを入力」ボックスに入力します。

---

6 「曜日を追加」をクリック。

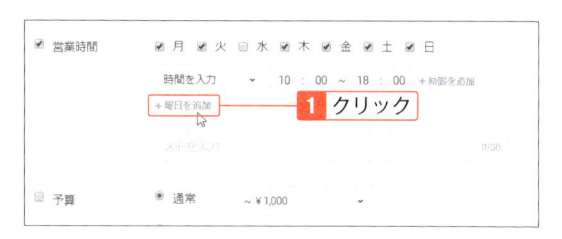

7 ここでは水曜日を休業日とするので「水曜日」にチェックを付けて「休業中」を選択する。

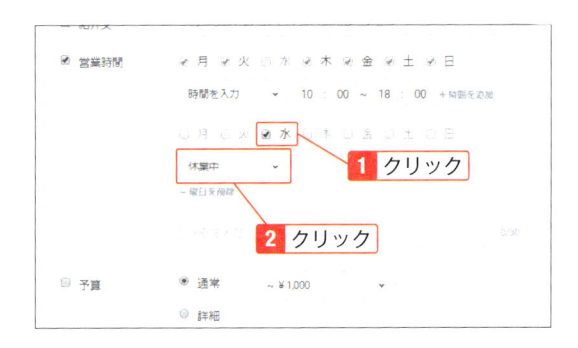

8 「電話番号」にチェックを付け、電話番号を入力する。

9 「地図」にチェックを付け、住所を入力して「地図を表示」をクリック。地図が表示されたらドラッグして位置を整える。キーボードの【Ctrl】キーを押しながらスクロールすると拡大・縮小することができる。

10 その他、予算やWebサイトなども必要な場合は設定し、「反映」をクリック。

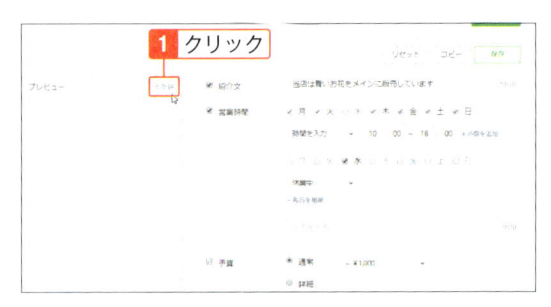

11 プレビューが表示される。
営業時間には現在の状況
が表示される。「保存」を
クリックし、メッセージが
表示されたら「OK」をク
リック。

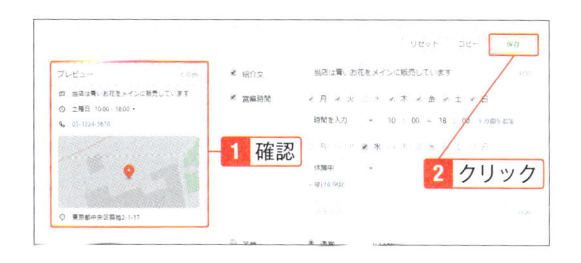

コレクションを追加する

1 「追加」をクリックし、「コ
レクション」をクリックし、
「OK」をクリック。

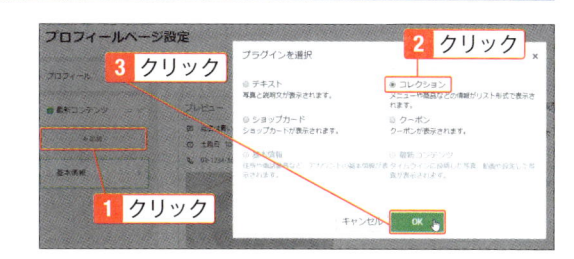

> **ONE POINT コレクションとは**
>
> 商品やサービスなどをリスト形式で入れられるプラグインです。URLを入れることもできるので、
> ホームページや販売ページへ誘導することも可能です。

2 プラグイン名を入力し、内
容を入力。

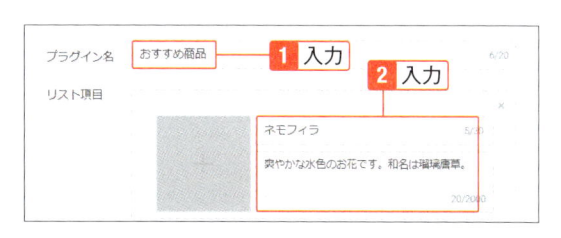

3 「＋」をクリックして、写
真を選択。

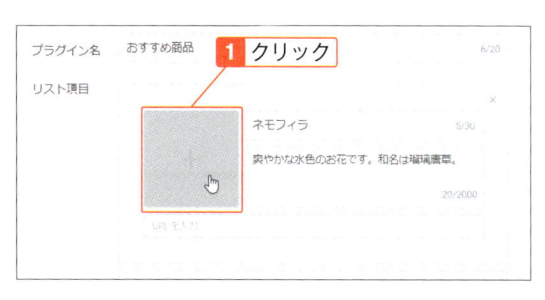

<table>
<tr><td>4</td><td>必要であれば商品ページなどのURLも入力。</td></tr>
</table>

1 入力

5 不要なボックスは「×」をクリックし、「OK」をクリックして削除する。

1 クリック

6 「反映」をクリックして確認し、「保存」をクリック。メッセージが表示されたら「OK」をクリック。

2 確認　1 クリック　3 クリック

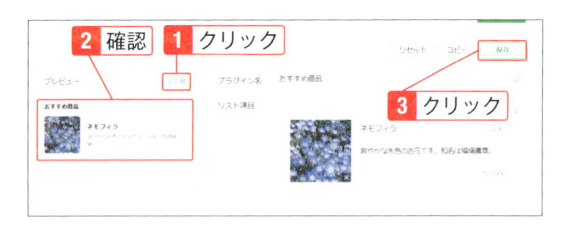

7 「基本情報」と追加した「コレクション」にチェックを付ける。[ ]をドラッグするとプラグインの順序を入れ替えることができる。

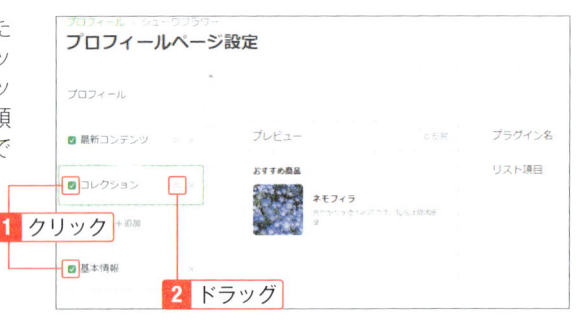

1 クリック　2 ドラッグ

ONE POINT **「LINE公式アカウント」アプリでプロフィールページを設定するには**

　執筆時点（2019年12月現在）では、「LINE公式アカウント」アプリでは、プロフィールページを設定できないので、パソコンで操作してください。

プロフィールページにボタンを表示する

1 「プロフィール」をクリック。

2 プロフィール画面に表示させるボタンをクリック。トーク以外の2つまで選択できる（ONE POINT参照）。

ONE POINT プロフィール画面のボタン

「トーク」ボタンは必須で、その他「通話」や「クーポン」などのボタンを3つまで追加できます。クーポンやショップカードは作成後でないと設定できないので、Chapter08を参考にして作成した後にボタンを選択してください。

3 「反映」をクリックしてプレビューを確認し、「保存」をクリック。メッセージが表示されたら「OK」をクリック。

4 「公開」をクリック。

会社や店舗情報を設定する

(!) Check **会社や店舗情報は大事なのでミスがないように入力する**

公式アカウントの登録の際には、まだ会社や店舗の情報を設定していません。初期の段階で「登録情報」画面で忘れずに設定しておきましょう。次のSECTIONで説明する認証済みアカウントの申請時にも審査対象になるので、住所や電話番号も正しく入力するようにしてください。

会社情報を入力する

1 「LINE Official Account Manager」のタブをクリックし、「設定」をクリック。

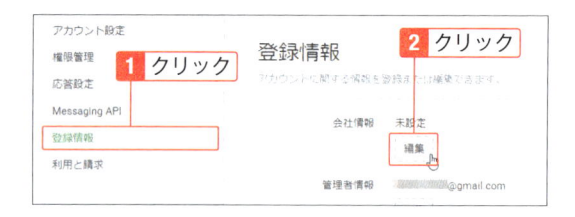

2 「登録情報」をクリック。「会社情報」の「編集」をクリック。会社以外の場合は「管理者情報」または「店舗・施設情報」の「編集」をクリック。

3 会社・事業者名、住所、電話番号を入力し、「保存」をクリック。

ONE POINT 「LINE公式アカウント」アプリで会社や登録情報を設定する

「LINE公式アカウント」アプリのホーム画面で「設定」をタッノし、「登録情報」をタップすると設定できます。

認証済みアカウントに申請する

⚠️ **Check さらに集客をアップしたいのなら認証済みアカウントがおすすめ**

公式アカウントは未認証のままでも使えますが、認証済みアカウントになれば信頼できる会社やお店として公式に認めてもらえます。申請には審査があり、一部申請できない業種もありますが、審査に通ればインターネットで検索した人達も集まってくるので、さらに集客効果がアップします。

アカウント認証をリクエストする

1 SECTION07-06の手順2の画面で、左端の「アカウント設定」をクリックし、「アカウント認証をリクエスト」をクリック。

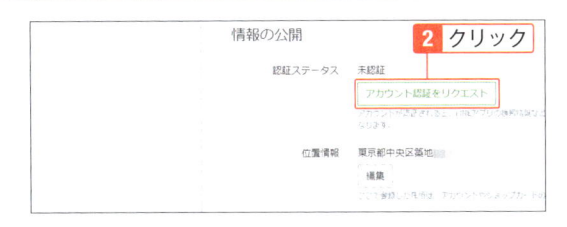

2 認証済みアカウントの申し込み画面が表示された。必要事項を入力する。

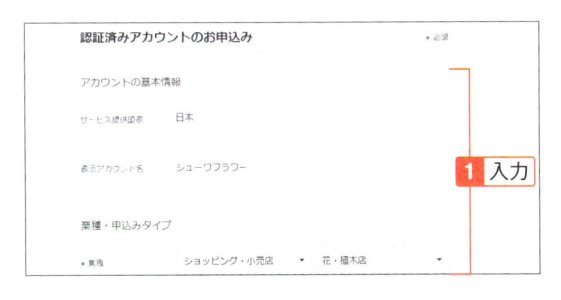

3 「確認する」をクリック。

ONE POINT 認証済みアカウントの申請

　未認証アカウントから認証済みアカウントへ変更することもできますが、あくまでも実在する会社、店舗であることが条件です。SECTION07-02のONE POINTでも説明しましたが、注意事項を読んだ上で申請してください。なお、審査が完了するまで5〜10営業日くらいかかります。

185

友だち追加されたときのメッセージを設定する

いつでも友だち追加されてもよいように設定しておく

友だち追加してもらったときのメッセージは、はじめての挨拶になるのでとても重要です。24時間いつでも応答できるように自動で配信できます。はじめから用意されているデフォルトのメッセージがありますが、追加してもらったことへの感謝の意と一緒に、配信のメリットやお得な情報などを記載してオリジナルメッセージを作成しましょう。

応答モードにする

1 「設定」をクリック。

応答設定とは

メッセージを受信したときに、手入力で返信するか、自動で返信するかを選択できます。自動で返信する場合は「Bot」をオンにしてBotモードにします。手入力する場合は「チャット」をオンにしてチャットモードにします。ここでは「Bot」を選択してください。

 「応答設定」をクリックし、「応答モード」が「Bot」になっていることと「あいさつメッセージ」がオンになっていることを確認する。

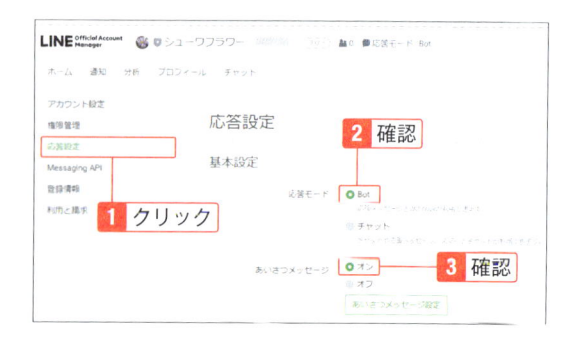

あいさつメッセージを入力する

1 「ホーム」タブをクリックし、「あいさつメッセージ」をクリック。

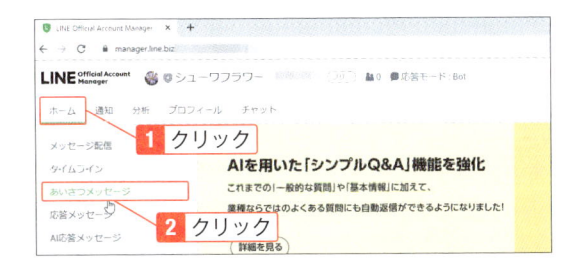

2 友だち追加してくれた時の自動メッセージを入力する。「絵文字」をクリックすると絵文字を入れられる。

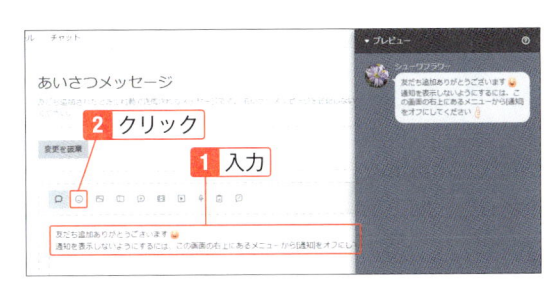

3 プレビューを確認する。プレビューが非表示になっている場合は、画面右下の▲をクリックする。これで良ければ「変更を保存」をクリック。メッセージが表示されたら「保存」をクリック。

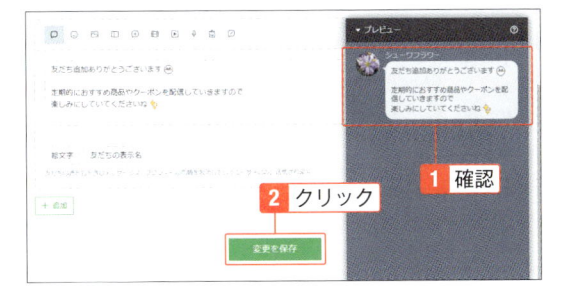

> **ONE POINT** 「LINE公式アカウント」アプリであいさつメッセージを設定するには
>
> 「LINE公式アカウント」アプリのホーム画面で「あいさつメッセージ」をタップし、文章を入力します。画面右上の「プレビュー」をタップして確認したら、画面下部の「保存」をタップします。

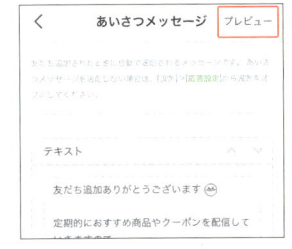

メッセージを受信したときに自動送信する

⚠ Check 休業日や繁忙期に自動で返信できる

友だち登録している人からのメッセージはいつ届くかわかりません。多忙な時は自動応答の設定にすることもできます。個別に返信できない場合はその旨を記載してもよいですし、特定の単語が送られてきたときのメッセージを用意することも可能です。

応答メッセージを作成する

1 SECTION07-08の手順2の画面で「応答メッセージ」をオンにする。

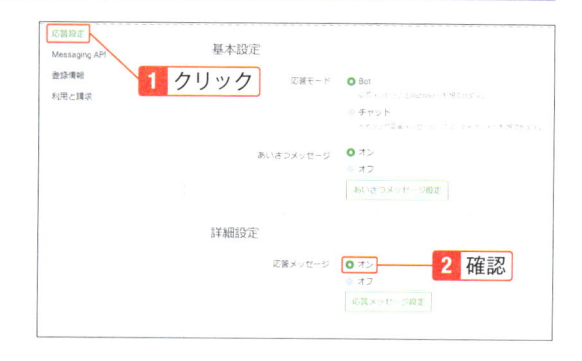

2 「ホーム」をクリックし、「応答メッセージ」をクリック。「作成」をクリック。

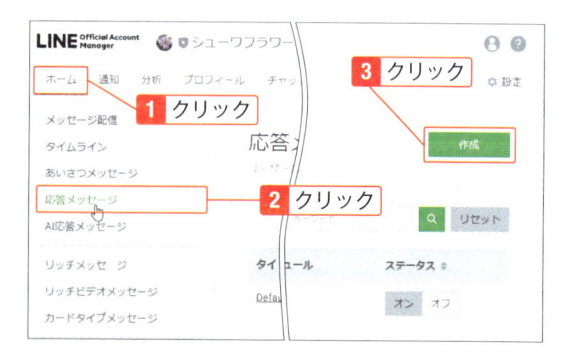

 ONE POINT 応答メッセージとは

　友だち登録している人からメッセージが届いたときに、自動で返信できる機能です。キーワードに設定した単語を友だちが送信すると、設定したメッセージが自動で送信されるようにもできます。たとえば、キーワードに「誕生日プレゼント」、メッセージボックスに「薔薇の花はいかがでしょう」と設定すると、友だちが「誕生日プレゼント」と入力すると、「薔薇の花はいかがでしょう」が自動で送信されます。一緒にクーポンを設定しておけば、クーポンを使ってお店に買いに来る人がいるかもしれません。

3 他のメッセージと区別を
するためにタイトルを入
力。配信期間を設定する場
合は「スケジュール」に入
力。

4 「キーワードを設定する」
にチェックを付け、キー
ワードを入力して「追加」
をクリックするか【Enter】
キーを押す。

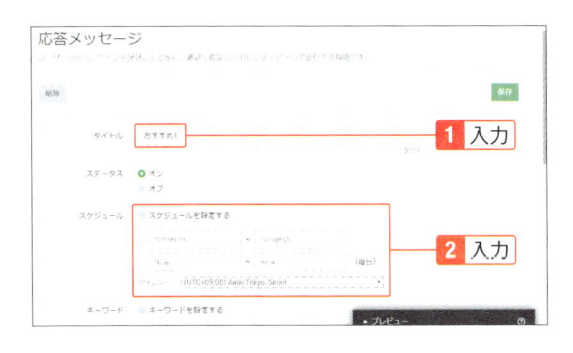

 キーワードの設定

同じ単語でも、漢字、ひらがな、
かたかな、英字など、入力される
可能性がある単語を設定しておき
ましょう。文章も可能ですが、最
大30文字までです。

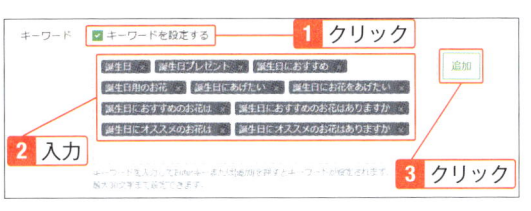

5 返信メッセージを入力す
る。クーポンや写真などを
追加したい場合は「追加」
をクリックして設定する。

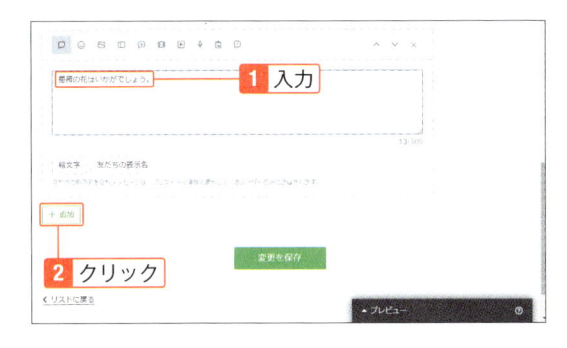

6 プレビューを確認し、「変
更を保存」をクリック。
メッセージが表示された
ら「保存」をクリック。

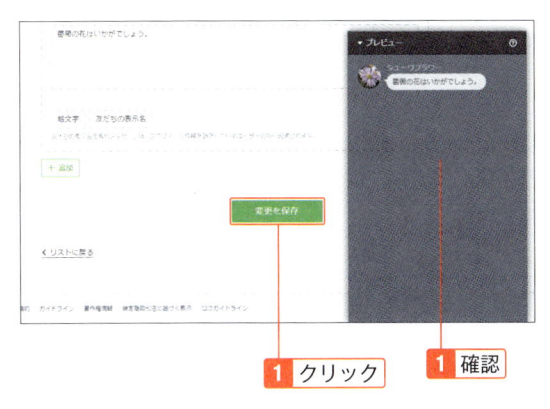

「LINE公式アカウント」 アプリのホーム画面で 「応答メッセージ」 をタップし、「メッセージを作成」 を
タップします。次の多面で 「追加」 をタップし、コンテンツをタップします。テキストの場合は文章を入
力し、クーポンやリッチメッセージなどは作成したものを追加して、「次へ」 をタップします。タイトルを
設定し、「キーワード」 をオンにします。続いて 「＞」 をタップして 「作成」 をタップしてキーワードを入
力します。設定したら、右上の 「プレビュー」 をタップして確認してから 「保存」 をタップします。

◀「追加」 をタップし
てコンテンツを選択
する。

◀文章を入力し「次
へ」 をタップする。

◀タイトルを設定し、
キーワードをオンに
する。

◀キーワードを設定す
る。

　このSECITONの操作を含め、一通り設定したら、関係者のアカウントを友だち登録して、正しく送信
されているかを確認しておきましょう。

公式アカウントで配信しよう

公式アカウントの設定ができたら、配信の準備をしましょう。リンク付きの画像メッセージや動画メッセージは、文章だけのメッセージよりもインパクトがあるので効果を期待できます。クーポンやショップカードも作成すれば、ブロックされることが少なくなるはずです。せっかく友だち登録してもらったので喜んでもらえるように工夫しましょう。なお、実際に配信する前に、試験的に知り合いなどに送ってミスがないかをチェックしてください。

友だち追加のリンクやQRコードを作成する

⚠ Check 友だち追加メッセージは定期的に確認しよう

友だち追加をしていただいたのに、メッセージを開いたら、クーポンが期限切れだった。終わったイベントを案内していたなんてことで、即ブロックになっているケースを見かけます。そっと動いている友だち追加のメッセージの存在は、忘れられがちな傾向にあります。定期的に友だち追加メッセージの現状を確認しましょう。

URLで追加してもらう

1 「ホーム」の「友だち追加」をクリック。

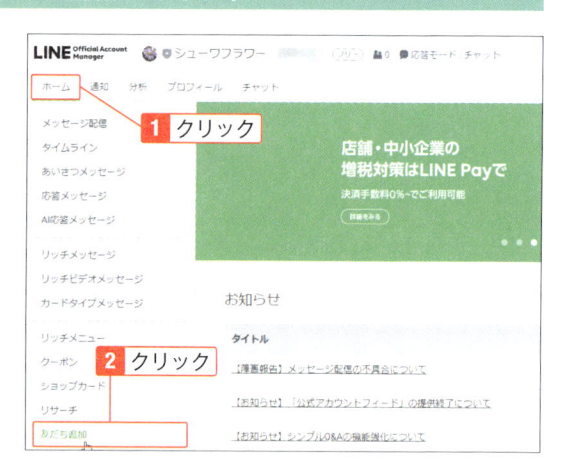

2 「URL」の「コピー」をクリックしてメールやSNSに貼り付ける。

ONE POINT　友だち増やす方法

公式アカウントを作成しただけでは、友だち登録してもらえません。「QRコード」の「ダウンロード」をクリックしてメールやSNSに貼り付けたり、店頭に置いたり、壁に貼ったりなどして宣伝しましょう。「ボタン」のHTMLタグをコピーして、ブログやホームページに貼り付けることもできます。

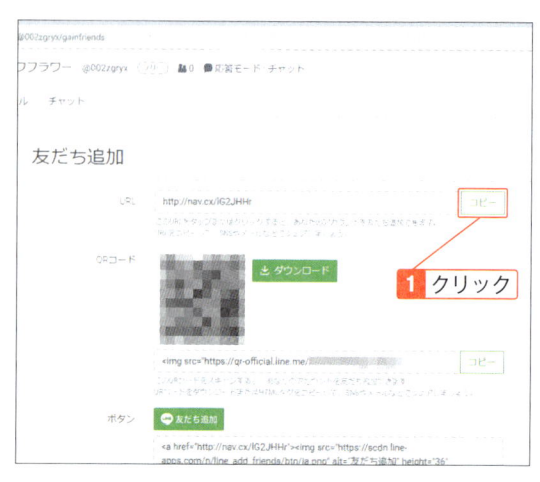

QRコードで追加してもらう

1 QRコードの「ダウンロード」をクリック。

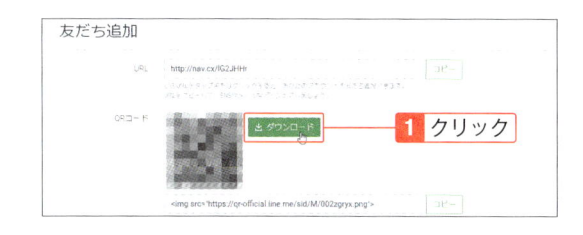

2 画面左下のボタンをクリック（ブラウザ「Chrome」の場合）。

3 ZIP形式で圧縮されてダウンロードされるので、「圧縮フォルダーツール」の「すべて展開」をクリック。あるいは、ZIPファイルを右クリックして「すべて展開」をクリック。

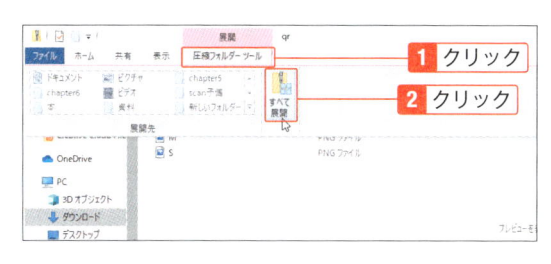

4 「展開」をクリックすると解凍される。

ONE POINT 「LINE公式アカウント」アプリで友達追加してもらう方法

スマホの場合は、「LINE公式アカウント」アプリのホーム画面で、「友だち追加」をタップした画面で、LINEのトークに送ったり、友だち追加ボタンのHTMLをコピーしたりできます。

リンク付きの画像メッセージを作成する

(!) カードタイプメッセージとリッチメッセージどちらを使う？

SECTION08-04のカードタイプメッセージは、簡単に情報を伝えやすいのでとっても便利です。ただし、遷移先にジャンプさせるのであれば、リッチメッセージの方がお客様の反応率が上がります。ここぞ！と言うときは頑張ってリッチメッセージを送ってみましょう。比較して並べたいときはカードタイプメッセージを使いましょう。

リッチメッセージを作成する

1 「ホーム」の「リッチメッセージ」をクリックし、「作成」をクリック。

ONE POINT リッチメッセージとは

リッチメッセージとは、画像やテキストなどを1つにまとめたメッセージです。画像にリンクを含めることができ、視覚的にもインパクトがあるので、文字だけのメッセージより高い効果が得られます。

リッチメッセージ（コカ・コーラ公式アカウント）▶

2 リッチメッセージのタイトルを入力。通知の際に表示されるので注意。

リッチメッセージ

タイトル

半期に一度のセール **1 入力**

3 「テンプレートを選択」を
クリックして選択。

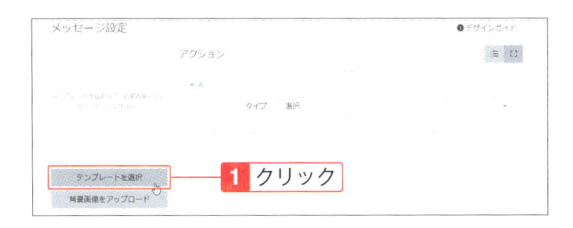

4 「背景画像をアップロード」
をクリックして1040px
×1040pxの画像を選択。

> **ONE POINT** 背景画像の作成
>
> 手順4の画面右上にある「デザインガイド」をクリックして表示される画面
> で、「テンプレートガイドをダウンロード」をクリックすると、画像作成用の
> ベースをダウンロードできます。それを元にPhotoshopなどの画像編集ソフ
> トを使って、1040px×1040pxの画像を作成してください。

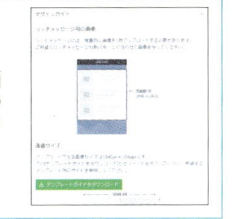

5 「タイプ」で「リンク」か
「クーポン」を選択。

6 リンクの場合はURLを入
力。クーポンの場合は作成
したクーポン（SECTION
08-05）を選択する。リン
クが多すぎると敬遠され
るので注意。

7 音声読み上げ用のアク
ションラベルを入力し、
「保存」ボタンをクリック。

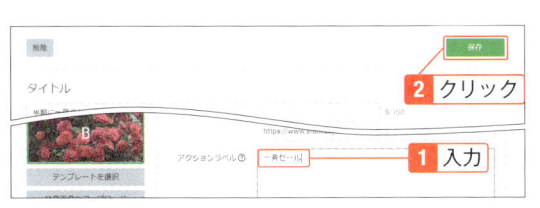

リンク付きの動画メッセージを作成する

⚠ Check 動画を送信できるリッチビデオメッセージとビデオメッセージ

ビデオメッセージは、ユーザーである友だちのスマートフォンに保存できてしまいます。保存されたくないのであれば、リッチビデオメッセージを使いましょう。そして、リッチビデオメッセージには閲覧後にジャンプさせる機能があります。動画で共感した思いをそのまま、WEBページに誘導してコンバージョンさせましょう。

リッチビデオメッセージを作成する

1 「ホーム」の「リッチビデオメッセージ」をクリックし、「作成」をクリック。

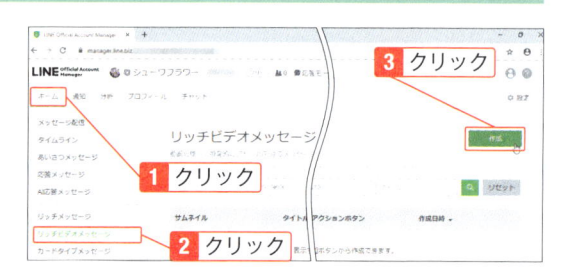

ONE POINT リッチビデオメッセージとは

　動画が自動再生されるメッセージです。写真よりもリアルに伝えることができるので、最近よく利用されています。動画にリンクを入れて、自社サイトや販売ページへ誘導することが可能です。

リッチビデオメッセージ（ローソン公式アカウント）▶

2 リッチビデオメッセージのタイトルを入力。通知の際に表示されるので注意。

リッチビデオメッセージ

タイトル

3 「ここをクリックして〜」
をクリックし、動画をアッ
プロードする。

4 アクションの「表示する」
をオンにし、リンク先の
URLを入力。

5 アクションを選択。

6 「保存」をクリック。

08

公式アカウントで配信しよう

商品一覧のメッセージを作成する

! 表現の幅が広がるカードタイプメッセージを使おう

「カードタイプメッセージ」とは、横にスライドできるカルーセル形式で、複数枚の
カードを一度に配信できるメッセージです。4種類のカードタイプが用意されていて、
雛形に沿って入力することで、整理されたレイアウトのメッセージを作成できます。
リッチメッセージより、作成が簡単で情報量の多いメッセージです。

カードタイプメッセージを作成する

 「ホーム」の「カードタイ
プメッセージ」をクリック
し、「作成」をクリック。

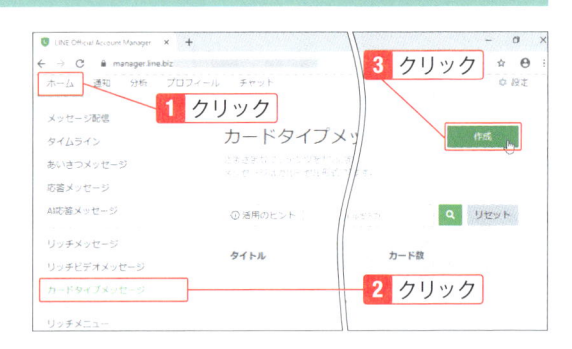

ONE POINT カードタイプメッセージとは

複数枚のカードをスワイプしてめくることができるメッセージです。商品の紹
介に使える「プロダクト」、場所の紹介に使える「ロケーション」、人物の紹介に
使える「パーソン」、画像の紹介に使える「イメージ」の4つのカードタイプがあ
り、1つのメッセージに最大9枚のカードを設定できます。

 メッセージのタイトルを
入力。通知等に表示される
ことを考慮して入力する。
「カードタイプ」の「選択」
をクリック。

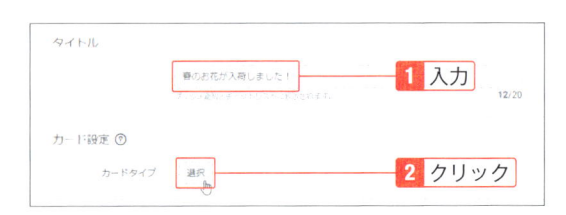

3 タイプを選択して、「選択」をクリック。ここでは「プロダクト」を選択する。

4 商品のタイトル、写真、説明、価格などを入力。クーポンやショップカードを入れる場合は「アクション」の「タイプ」をクリックして設定する。使わない場合はチェックを外す。

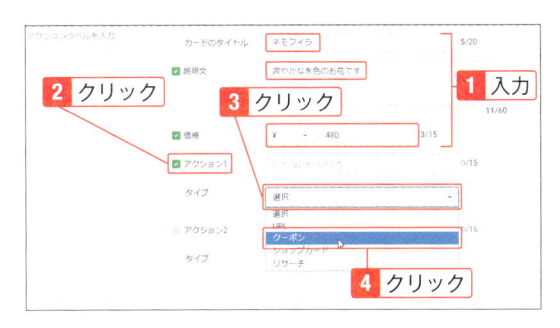

5 さらに入れたいことがある場合は「もっと見るカードを使用」にチェックを付けて設定する。使わない場合はチェックを外す。

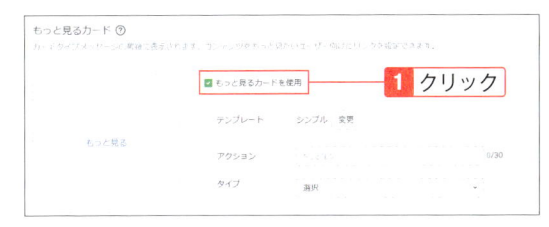

ONE POINT　もっと見るカードとは

カードタイプメッセージの最後に追加できるリンク型のカードです。詳細な情報を入れたい時や他のアクションに誘導したい時に使います。

---

6 「カードを追加」をクリックして2枚目以降も入力する。できたら「保存」をクリック。

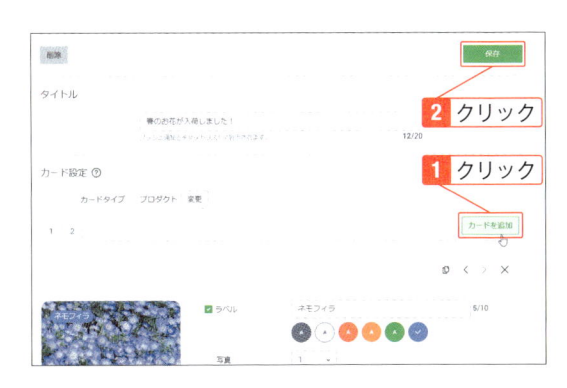

クーポンを作成する

抽選クーポンの当選率についての考え方

抽選クーポンは、数量を指定して配信しても厳選な抽選ですから、当たらないことが起きてしまいます。当選者を出したいのであれば、数量を数個増やしてみると良いでしょう。ただし、絶対当たっては困るといった場合は、数量通りで設定しましょう。

クーポンを作成する

1 「クーポン」をクリックし、「作成」をクリック。

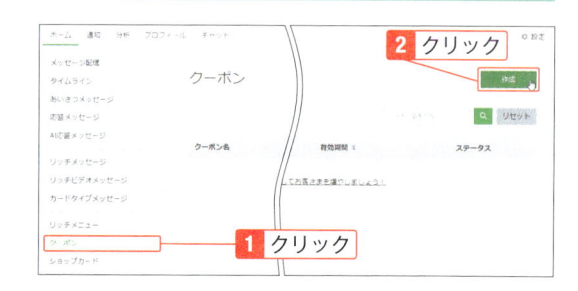

2 クーポンの名前を入力。クーポンが使える期間を入力。

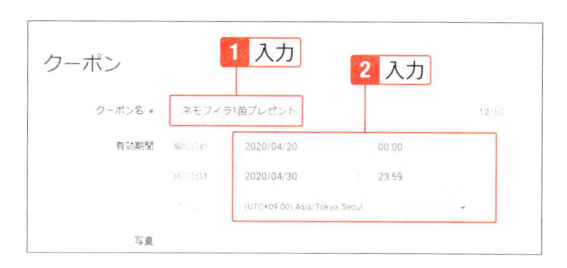

ONE POINT クーポンとは

プレゼントや割引などのクーポンを友だち登録している人に配信できます。全員に配布するクーポン以外に、抽選式のクーポンにすることもできます。クーポンに期限を設けることで、早く使わなければという購買意欲を高めることができます。また、SECTION08-08で紹介するアンケートで回答した謝礼として配布することもできます。

クーポン（牛角公式アカウント）▶

3 クーポンに入れる画像を
アップロードする。クーポ
ンの説明や注意事項につ
いて入力。

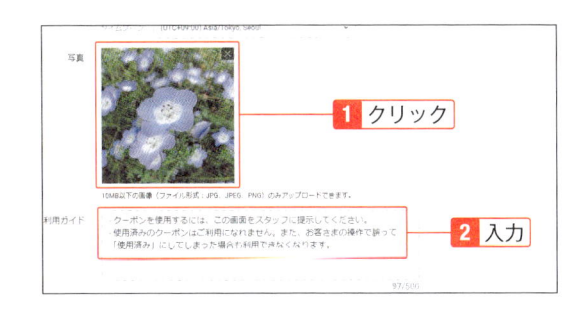

ONE POINT **クーポンの使い方を記載する**

　利用者がクーポンの使い方を間違えないようにするために、「クーポンの利用は1回限りです」「他の割引券との併用はできません」「〇円以上（税抜）の場合のみご利用いただけます」「ご登録店舗のみ有効です」などを記載しておきましょう。

---

4 抽選式にするには「使用す
る」をクリックし、当選確
率や当選者の上限を設定
する。

ONE POINT **抽選式のクーポン**

　手順4の画面で、抽選を「使用する」に設定すると、当選確率や当選者数を設定することができます。当たりやすいクーポンにする場合は当選率を高くし、滅多に当たらないクーポンにする場合は当選率を低く設定します。

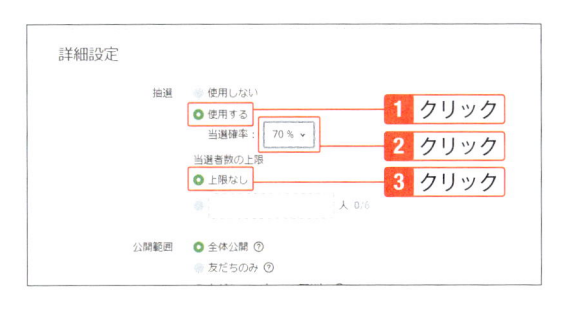

5 公開範囲を設定する。

ONE POINT **クーポンの公開範囲**

　「全体公開」にすると、友だちになっていない人も使えます。友だち登録している人だけにクーポンを配布する場合は「友だちのみ」にします。

6 クーポンを使える回数を
設定する。

7 クーポンコードを設定する場合は「表示する」をクリックして入力。

8 クーポンのタイプを選択。

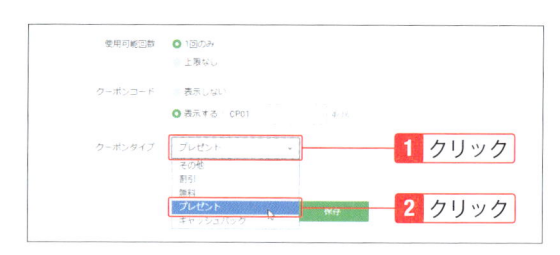

9 プレビューを確認し、「保存」をクリック。

10 すぐに配信する場合は、「メッセージとして配信」をクリック。配信しない場合は「×」をクリック。

 **クーポンをプロフィール画面に追加するには**

作成したクーポンは、プロフィール画面に表示させることも可能です。SECTION7-05 参照を参照してください。

「LINE公式アカウント」アプリでクーポンを作成するには

「LINE公式アカウント」アプリでもクーポンを作成できます。ホーム画面の「クーポン」をタップし、「作成」をタップします。クーポン名や日時を設定し、「詳細設定」で「抽選」や「公開範囲」などを設定します。右上の「プレビュー」をタップしてイメージを確認し、「保存」をタップします。

▲クーポンの画面で「作成」をタップする。

▲クーポン名や日時を指定する。

▲詳細設定をして「保存」をタップする。

▲「メッセージとして配信」をタップする。

メッセージを一斉送信する

⚠️Check 投稿やメッセージを作る時に心に留めておくこと

LINE公式アカウントのお友だちへのメッセージは、基本リピーターに向けて書くつもりで作りましょう。新規のお客さまへは、友だち追加メッセージだけで十分です。あなたがリピーターをどう大切にしているかが伝われば、新規のお客さまにも響く内容になります。

友だちにメッセージを配信する

1 「ホーム」の「メッセージ配信」をクリックし、「作成」をクリック。

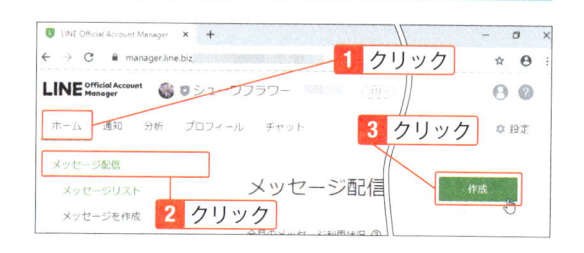

2 「すべての友だち」を選択。100人以上いる場合は対象を絞り込む。

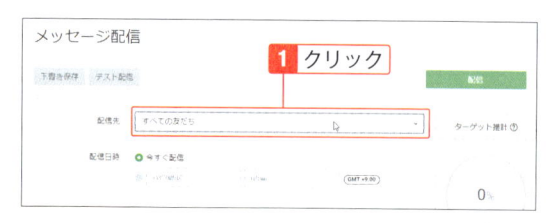

ONE POINT 配信できるメッセージの内容

メッセージは、文章はもちろん、スタンプ、写真、クーポン、リッチメッセージ、リッチビデオメッセージ、動画、ボイスメッセージ、リサーチ、カードタイプメッセージを配信できます。なお、フリープランの場合は、1月に1,000通までです。店舗内の様子やスタッフの紹介などを配信すれば、信頼感を与えるメッセージになります。

3 すぐに配信する場合は、「今すぐ配信」を選択。配信したい日時がある場合は日時を指定する。

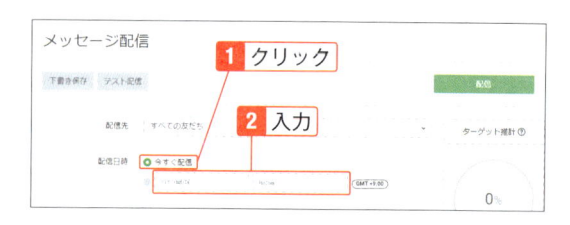

4 タイムラインに投稿する場合はチェックを付け、一部の人に配信する場合は、「配信メッセージ数の上限を指定する」にチェックを付けて数字を入力する。ここではチェックをはずす。

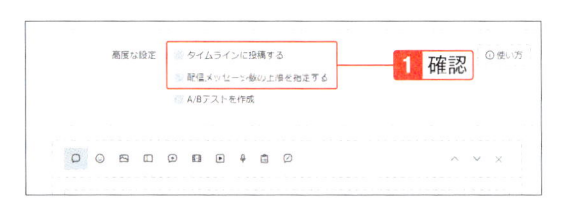
1 確認

ONE POINT A/Bテストとは

A/Bテストにチェックを付けると特定の割合でテスト配信することができます。テスト配信後にそれぞれの分析結果を確認して、最もパフォーマンスが良かったメッセージを残りのユーザーに配信することもできます。ただし、A/Bテストは、友だちが5,000人以上でないと使えません。

---

 5 文章を送る場合は「テキスト」をクリックし、内容を入力する。

ONE POINT 文章の冒頭やタイトルに注意

スマホの画面に表示されたときに、文章の冒頭（リッチメッセージはタイトル）が表示されるので、興味を持ってもらえるようなメッセージを心がけましょう。たとえば、ラーメン店なら「極うまラーメン登場！！」、「伝説の黄金ラーメン復活！」などです。

1 クリック
2 入力

 6 「追加」をクリック。

ONE POINT 配信できるコンテンツ

手順5の画面で、「スタンプ」や「写真」「クーポン」などをクリックして、文章以外も投稿できます。リッチメッセージ（SECTION08-02）やカードタイプメッセージ（SECTION08-04）、クーポン（SECTION08-05）も、クリックして投稿できます。

1 クリック

 7 「クーポン」をクリックし、「クーポンを選択」をクリック。

1 クリック　**2** クリック

8 SECTION08-05で作成したクーポンの「選択」をクリック。

9 「追加」をクリックして最大3つまで追加が可能。順序を入れ替える場合は「^」または「v」をクリックする。

10 プレビューを確認する。「配信」をクリックするとすぐに配信できる。テスト配信したい場合は「下書き保存」をクリック。ここでは「下書き保存」をクリック。

 ONE POINT

メッセージの配信時間と回数に注意

寝ている時間にLINEの着信音が鳴ると迷惑に感じる人もいるので深夜や早朝に配信することは避けましょう。また、配信頻度があまりにも多い場合もブロックされやすくなります。通常は週1回程度が妥当です。

「メッセージリスト」をクリック。無料で送れるメッセージ数が表示される。「下書き」、「配信済み」、「配信エラー」のメッセージの一覧が表示される。「下書き」タブをクリック。

 先ほどのメッセージが保存されている。

ONE
POINT テスト配信するには

手順12の画面でメッセージをクリックすると、「テスト配信」があるので、クリックして自分宛にテスト配信できます。

08

公式アカウントで配信しよう

ONE
POINT 「LINE公式アカウント」アプリでメッセージを配信する

ホーム画面の「メッセージを配信する」をタップします。「追加」をタップし、「テキスト」「クーポン」「リッチメッセージ」などを選択して設定します。

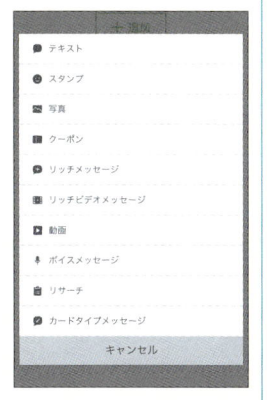

AI応答メッセージを使う

Check チャット運用を諦めない！シンプルＱ＆Ａを使ってみよう！

「シンプルＱ＆Ａ」は友だちからメッセージを受信したときに、AIが内容を判別して
BOTの様に適切なメッセージを返信します。チャットを併用すると、ユーザーからの
簡単な質問にはAIを使って自動で回答し、難しい質問にはチャットに切り替えて有人
のチャットで回答できるようになります。

AI応答メッセージを設定する

1 「設定」をクリックし、「応
答設定」をクリックし、
「チャット」をクリック。
メッセージが表示された
ら「変更」をクリック。

2 営業時間内の「スマート
チャット」と営業時間外の
「AI応答メッセージ」をク
リックしてオンにする。

 AI応答メッセージとは

　AI応答メッセージは、メッセージを受信したときに、AIが内容を判別して適切なメッセージで返信す
る機能、「シンプルQ&A」が用意されています。簡単な質問にはAIが返信し、複雑な質問のみ手動で対
応することで、管理者の負担を減らすことができます。なお、AI応答メッセージを使う場合は、チャット
モードに変更する必要があります。もし、設定が変えられないなどうまくいかない場合はブラウザ
「Chrome」で試してください。

3 「ホーム」をクリックし、「AI応答メッセージ」をクリック。

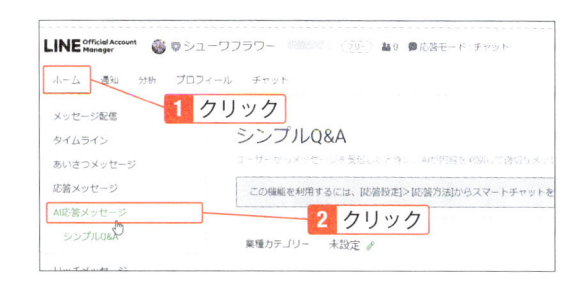

4 「一般的な質問」タブの「あいさつ」をクリック。

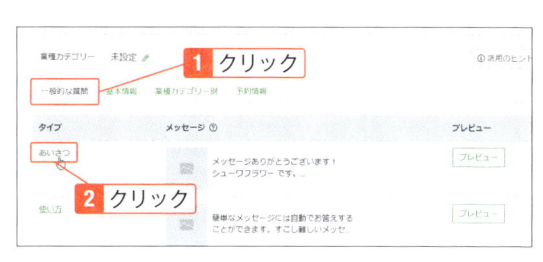

5 必要であれば文章を修正する。「プレビュー」をクリックすると確認できる。

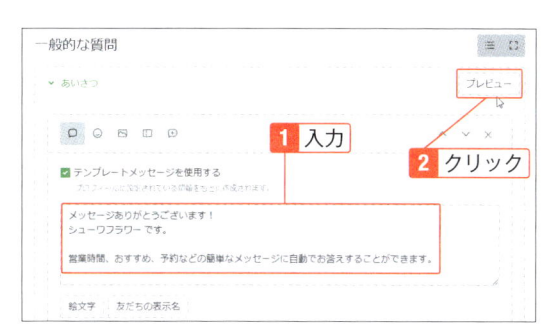

6 「保存」をクリック。同様に他のメッセージも設定する。

 ステータスとは

「基本情報」や「業種カテゴリー別」タブには、さまざまなメッセージが用意されているので、使いたい質問のステータスをオンにしてください。オフにした場合は応答不可のメッセージを返信します。

アンケートを取る

 リサーチは途中経過を見ることができない

「リサーチを行ったとき、途中経過をどうやったら見られるの？」と聞かれることがありますが、リサーチが終わるまで、途中経過のリサーチデータは見られません。リサーチが終わったらダウンロードできるようになるので、それまでは楽しみに待ちましょう。

リサーチを作成する

1 「ホーム」の「リサーチ」をクリックし、「作成」をクリック。

2 リサーチ名を入力し、リサーチ期間を設定。

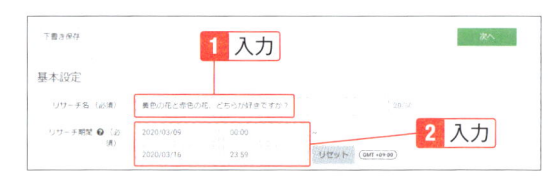

ONE POINT リサーチとは

リサーチを使うと、LINEを使ってアンケートを取ったり、意見を聞いたりすることができます。また、クイズや投票で楽しんでもらったり、参加の謝礼としてクーポンを配布したりなどができます。ただし、性別・年齢・居住地（都道府県まで）はリサーチできますが、詳細な個人情報の取得は規約違反になるので注意してください。

3 「画像をアップロード」を
クリックし、メッセージに
表示させる画像を設定す
る。

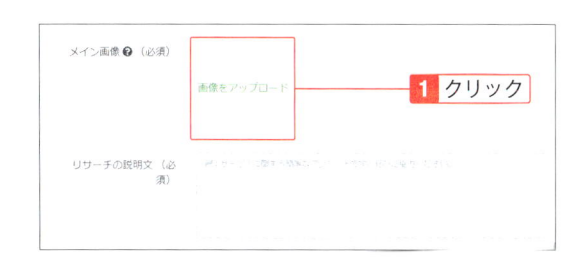

4 説明文を入力し、公開範囲
を設定。その後「アイコ
ン」の「選択」をクリック
して、アンケート画面に表
示するアイコンを指定す
る。

5 「トップページの画像」の
「画像をアップロード」を
クリックして、アンケート
に表示する画像を選択す
る。

6 問い合わせ先を入れる場
合は「お問い合わせ先を表
示する」にチェックを付
け、問い合わせ先を入力。
リサーチにユーザーの同
意を求める場合は「ユー
ザーの同意」にチェックを
付ける。

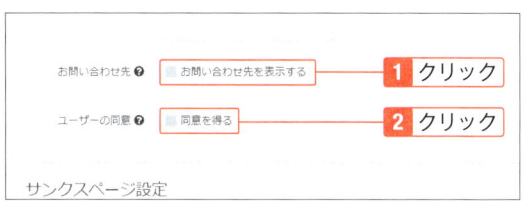

サンクスページを設定する

1 「クーポンを選択」をクリックし、回答のお礼を指定する。

2 お礼のメッセージを入力し、「次へ」をクリック。

質問を作成する

1 性別にチェックを付け、「選択肢」をクリックして「テンプレートを使用する」を選択する。

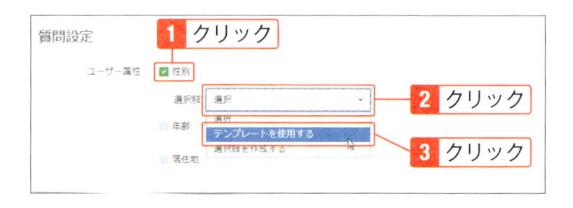

2 年齢、居住地も必要であればチェックを付けて設定する。

3 「自由形式」の「選択」をクリック。

4 単一回答か複数回答かを選択し、「選択」をクリック。

5 質問と選択肢を入力。画像も必要であればアップロードする。

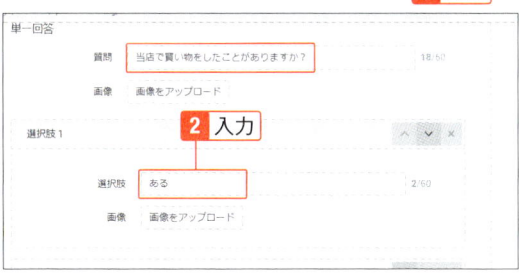

6 2つ目以降の質問があれば、「質問を追加」をクリックして入力する。できたら「保存」をクリック。SECTION08-06の方法で配信する。

トークルームに固定メッセージを表示する

⚠️ Check リッチメニューで電話をかけるボタンを設置する方法

リッチメニューに「電話がかかるボタンがあるといいな」と思ったことはありませんか？電話番号を設置するときには「タイプ」を「リンク」にし、URLに「tel:電話番号」（例：電話番号が「012-345-6789」の場合は、「tel:0123456789」）と設定しましょう。

リッチメニューを作成する

1 「ホーム」の「リッチメニュー」をクリックし、「作成」をクリック。

ONE POINT **リッチメニューとは**

　トークルームの下部にバナー広告のように表示できる機能です。クーポンやリンク先、ショップカードなど、最大6つまで設定することが可能です。

リッチメニュー（JAL公式アカウント）▶

---

2 管理用としてのリッチメニューの名前を入力。

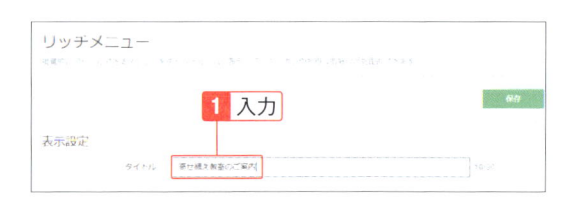

3 「ステータス」をオンにする。オフにした場合はリッチメニューが表示されないので注意。

4 リッチメニューを表示させる期間を設定したい時には入力。他にもリッチメニューを作成している場合は期間が重複しないようにする。

5 「メニューバーのテキスト」と「メニューのデフォルト表示」をオン。

 「メニューバーのテキスト」と「メニューのデフォルト表示」とは

「メニューバーのテキスト」は、リッチメニューの表示・非表示を切り替えるときのバーに表示する文字のことです。「メニュー」以外の文字にする場合は「その他のテキスト」をクリックして入力してください。「メニューのデフォルト表示」はトークルームを開いたときにリッチメニューを表示させるか否かのことです。

6 「テンプレートを選択」をクリックし、レイアウトを選択。

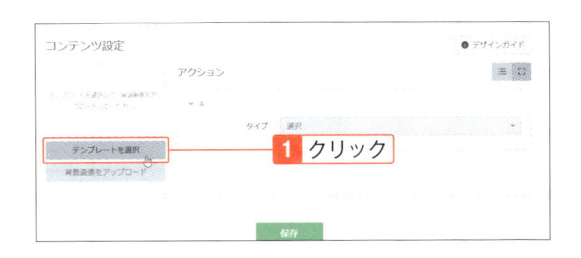

7 ここでは「小」の1画像の
タイプを選択し、「選択」
をクリック。

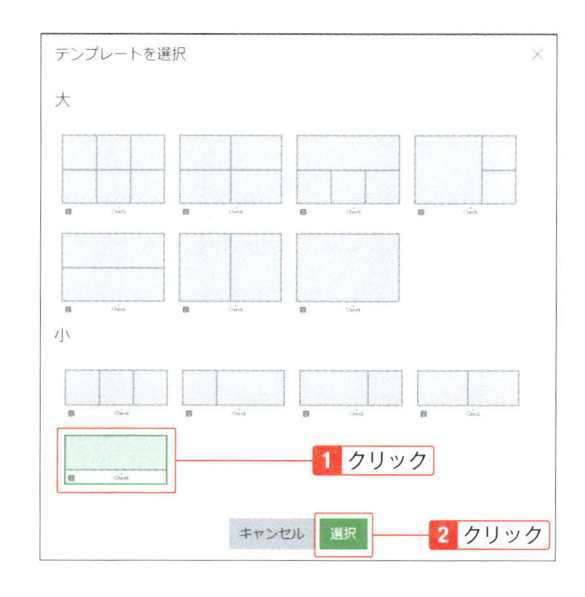

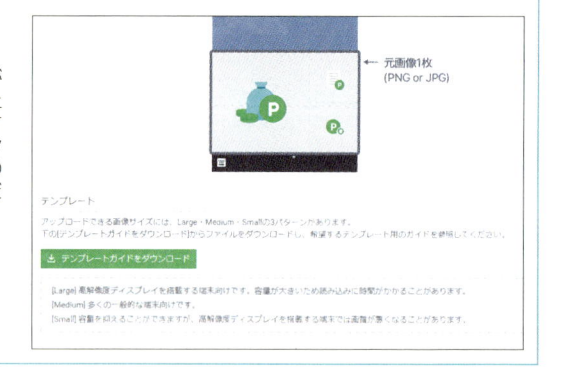

8 「背景画像をアップロー
ド」をクリックして画像を
選択する。

アクションを選択。ここで
はリンクを選択。

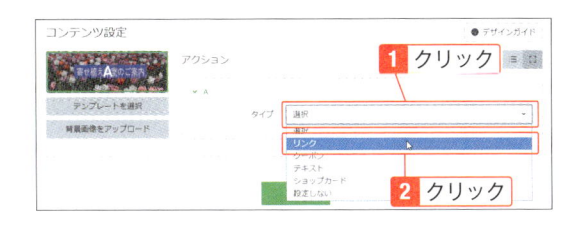

ONE POINT アクションの数

テンプレートによってアクション
ンの数が異なります。ここでは、1
画像のテンプレートを選択したの
でAのアクションのみですが、3
画像のテンプレートを選択した場
合は、A、B、Cのそれぞれのアク
ションを設定してください。

 リンク先のURLを入力。音
声読み上げ用にアクション
ラベルを設定する。最大
20文字まで可能。

ONE POINT リッチメニューのアクション

リンク：任意のURLを入れられる。ユーザーがタップするとそのサイトが表示される。
クーポン：作成したクーポンを入れられる。
テキスト：文章を入れる。
ショップカード：作成したショップカードを入れられる。
設定しない：画像だけを表示する。

---

11 「保存」をクリック。

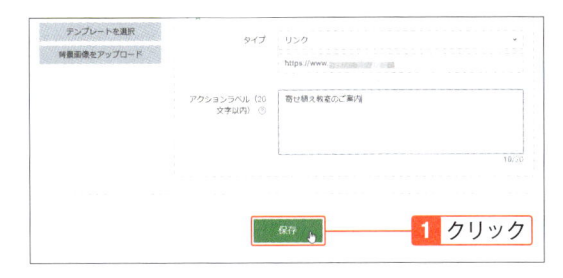

12 リッチメニューを作成し
た。

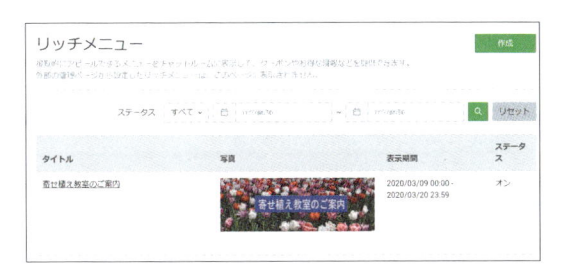

1対1で会話する

⚠ Check チャット運用ルールを作成しよう

企業や店舗がLINEチャットを活用する場合、運用担当者を複数配置しても、一定水準のサービスを保つ必要があります。電話でもあるように、問い合わせから返答までの時間の目安や、ユーザーから送られたメッセージのチェック体制や、よくある質問に対する回答のテンプレート化など、細かな運用ルールを策定しましょう。

チャットを使う

 「チャット」をクリック。

ONE POINT チャットとは

公式アカウントでは、友だちとの手動でのトークをチャットと呼んでいます。メッセージ送られてきた友だちのみやり取りが可能です。チャットを使うには応答設定画面の「応答モード」を「チャット」にする必要があります（SECTION07-08参照）。また、「詳細設定」の「応答方法」で「スマートチャット」と「AI応答メッセージ」をオフにします。なお、パソコンでチャットを使う場合、ブラウザはGoogle の「Chrome」アプリを使用してください。

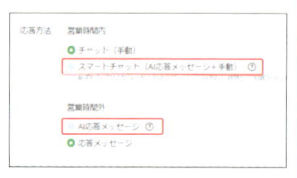

 ⚙ をクリックすると、送信方法や通知方法を設定できる。

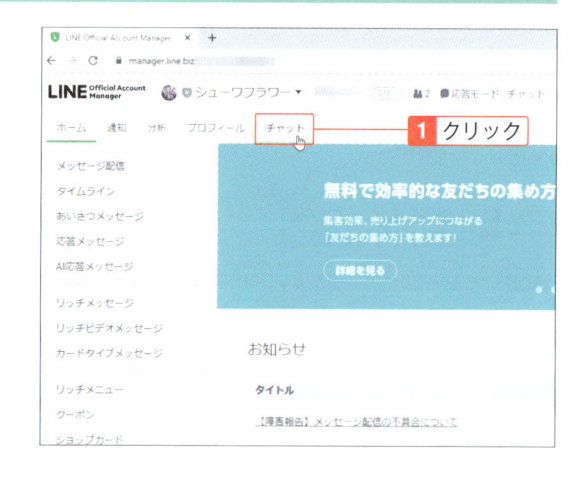

3 チャットに対応できる時間を設定する。「日曜日」の緑色の部分をクリック。

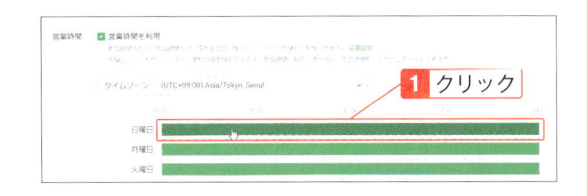

4 時間を設定する。終日オフにするには「ゴミ箱」をクリック。メッセージが表示されたら「保存」をクリック。

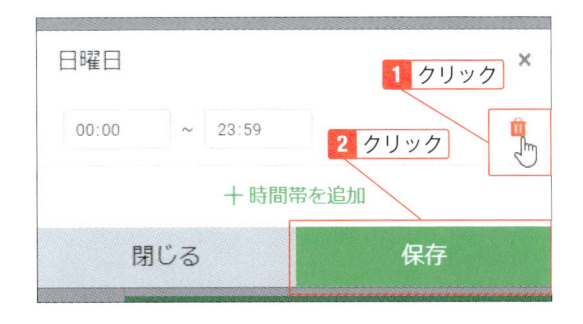

定型文を作成する

1 「定型文」タブをクリックし、「作成」をクリック。

2 管理用に定型文の名前を入力し、文章を入力して「保存」をクリック。設定したら、右上の「チャットに戻る」をクリック。

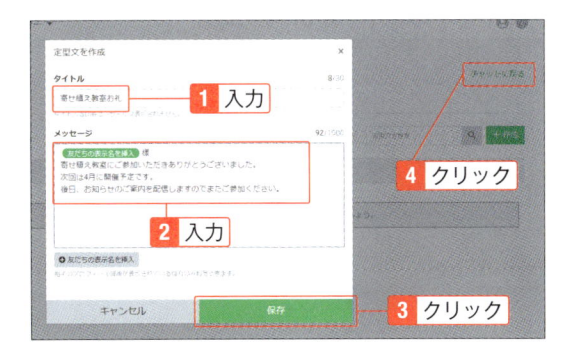

 文章に友だちの名前を入れるには

　手順2の画面で「友だちの表示名を挿入」をクリックすると相手の名前を入れることができます。その際、後ろに「さん」や「様」を入れると呼び捨てにならないので入れておきましょう。

メッセージを送る

1 相手をクリック。メッセージが届いた相手のみ送信可能。

2 文字を入力し、【Enter】キーを押すと送信できる。ここでは定型文を使用するので「+」をクリック。

3 定型文をクリック。

> **ONE POINT**
> ### 問い合わせが増えて対応できなくなるのが不安
>
> 友だちが増えてきたら問い合わせが増えて、対応できなくなるのでは？と思う人も多いようですが、対応しきれないほどのメッセージ数になることはまずないと思って大丈夫です。もし、多忙で対応しきれなくなった場合はBotに切り替えればよいでしょう。

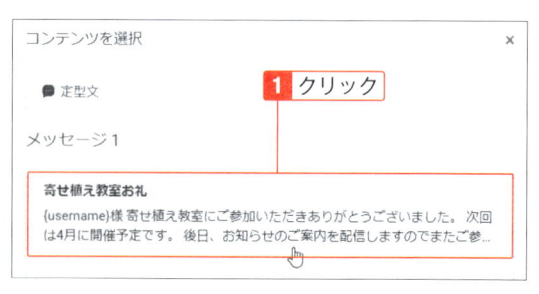

4 【Enter】キーを押すと送信できる。

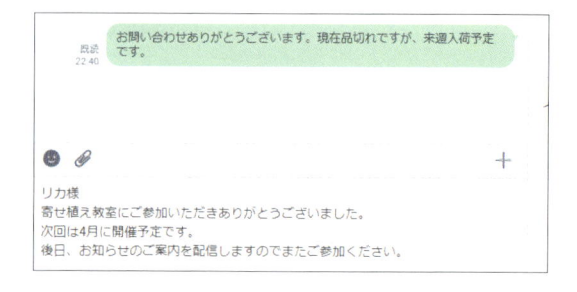

ONE POINT 後で対応したい時は

　右上の「要対応」をクリックすると、左の一覧に緑色で「要対応」と表示されます。時間がなくて後で対応したいときに印として付けておくと便利です。

ONE POINT 「LINE公式アカウント」アプリでチャットを使うには

　友だちからのメッセージが届くと、「LINE公式アカウント」アプリの下部にある に表示されます。送信する友達をタップするとトークルームが表示され、メッセージを送受信できます。

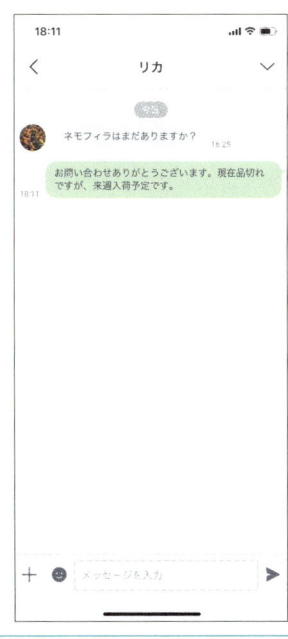

タイムラインに投稿する

⚠ Check 「いいね」が押されやすいタイムライン記事を作ろう

投稿記事には、張り切ってキャッチコピー満載の画像を使いたくなるところですが、タイムラインは宣伝チックな画像より、日常味溢れた写真の方が反応が良い傾向にあります。スマートフォンで撮った写真で十分です。日常味溢れたとはいっても、汚いものはNGです。この写真いいねと言ってもらえそうな写真を撮ってみましょう。

タイムラインの設定をする

1 「ホーム」の「タイムライン」をクリックし、「設定」をクリック。

2 タイムラインの投稿のいいねやコメントを受け付けるか否かを選択。「保存」をクリックし、メッセージが表示されたら再度「保存」をクリック。

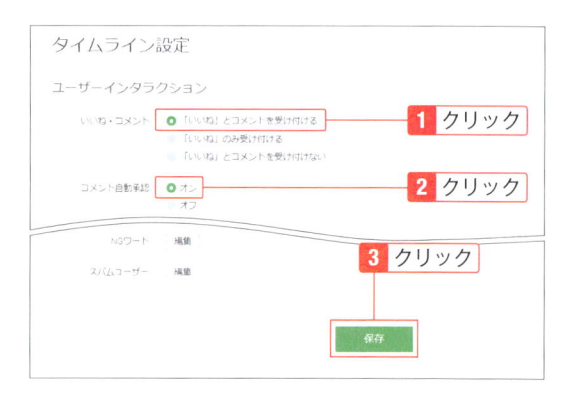

 ONE POINT NGワードを設定するには

手順2の画面の、「NGワード」の「編集」をクリックすると、アカウントのイメージが悪くなるようなキーワードを表示させないようにNGワードを設定することができます。また、嫌がらせをするユーザーをスパムユーザーとしてコメントできないように設定することもできます。

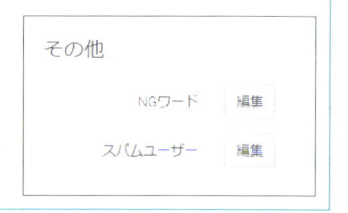

1 「投稿を作成」をクリック。「今すぐ投稿」を選択するか、投稿する日時を予約する場合は未来の日時を入力。

2 「写真」「動画」「スタンプ」「クーポン」「URL」「リサーチ」の中から選択する。

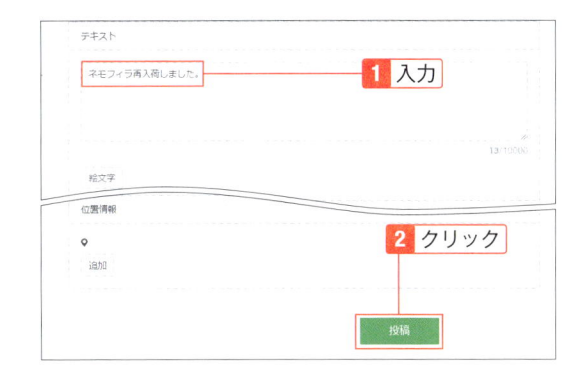

3 「クーポン」と「リサーチ」以外は下のテキストボックスに文章を入力することも可能。ここでは写真を選択して指定する。「投稿」をクリックし、メッセージが表示されたら「投稿」をクリック。

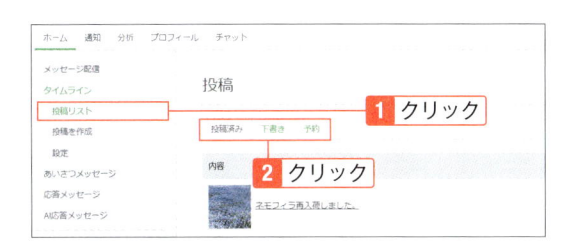

ONE POINT　**タイムラインの投稿にクーポンを入れる**

タイムラインにクーポンがあると、お店に行ってみたいという気持ちになります。クーポンは友だち登録していないと使えないので、クーポン欲しさに登録する人もいるでしょう。また、投稿をシェアしてもらえれば、他の友だちにも広まります。

---

4 「投稿リスト」をクリックすると、「投稿済み」「下書き」「予約投稿」の一覧が表示される。

「LINE公式アカウント」アプリで タイムラインに投稿する

　「LINE公式アカウント」アプリの場合は、下部の「タイムライン」をタップし、「作成」をタップします。Ｖをタップして写真やクーポンなどを選択して設定します。できたら「次へ」をタップし、「今すぐ投稿」をタップし「投稿」をタップします。予約投稿の場合は、「投稿を予約」をタップして時間を指定し、「予約」をタップします。なお、スパムユーザーやNGワードの設定は、トップ画面にある「設定」→「タイムライン」で設定します。

◀「タイムライン」の「作成」をタップする。下書きや予約投稿の場合は「Ｖ」をタップして選択する。

▲内容を入力し「次へ」をタップする。

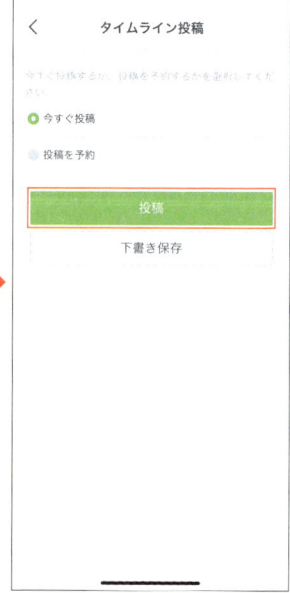

▲「投稿」をタップする。

ショップのポイントカードを作成する

ショップカードを作成する

1 「ショップカード」をクリックし、「デザイン」の▼をクリックして選択。

> **ONE POINT** **ショップカードとは**
>
> 店舗で購入した際にスタンプを押してもらう紙のスタンプカードをLINE上で可能にしたのがショップカードです。紙のカードの場合は、お財布が分厚くなったり、紛失したりすることがありますが、ショップカードならスマホでポイントを貯められます。また、友だち登録している人だけが使えるショップカードを用意しておくことで、ブロックされることが少なくなります。

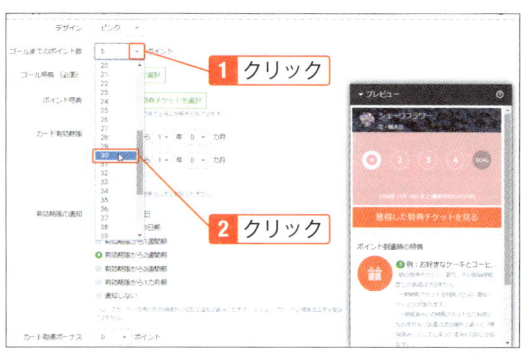

2 「ゴールまでのポイント数」に何ポイント集めればゴールかを設定する。ここでは30ポイントに設定。

「ゴール特典」の「特典チ
ケットを選択」をクリッ
ク。

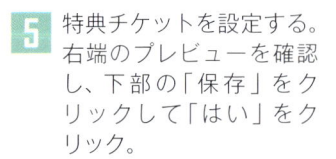

ONE POINT ポイント特典とは

　ゴール特典の下にある「ポイン
ト特典」は、30ポイントのゴール
までの間に、特典を付けたい時に
設定します。たとえば、10ポイン
トで「50円お買物券プレゼント」
などです。20ポイントで別の特
典を付ける場合はVをクリックし
て「20」を選択し、「特典チケット
を選択」をクリックして設定しま
す。

 「特典チケットを作成」を
クリック。

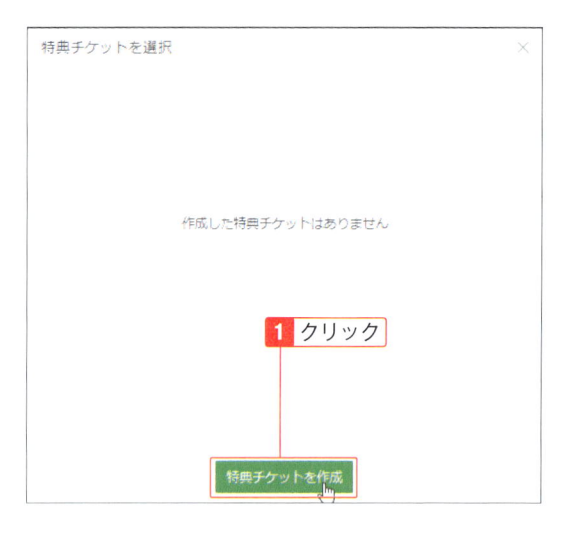

特典チケットを設定する。
右端のプレビューを確認
し、下部の「保存」をク
リックして「はい」をク
リック。

ONE POINT 特典チケットの作成

　手順5のチケット名には、「コー
ヒー1杯無料」や「500円クーポ
ン」など特典名を入力します。「利
用ガイド」には、チケットを使用す
る際の注意事項などを入力しま
す。特典イメージには、コーヒー1
杯ならコーヒーの写真など景品の
写真を入れます。

6 SECTION08-05で作成したクーポンの「選択」をクリック。

7 カードの有効期限と有効期限の通知を設定。

8 「カード取得ボーナス」を設定し、「ポイント取得制限」を設定。

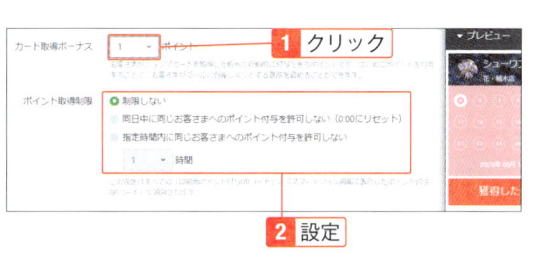

ONE POINT カード取得ボーナスとは

最初にカードを取得したときに付与するポイントです。最初にポイントを付与することでポイントを貯めようという気持ちになります。

9 ショップカードの利用について入力し、「保存してカードを公開」をクリック。メッセージが表示されたら「公開」をクリック。

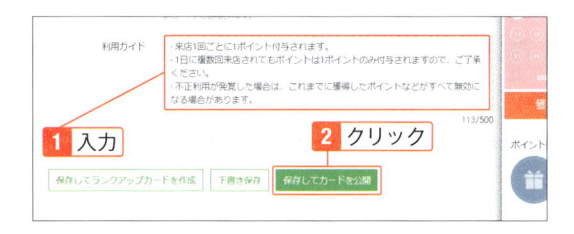

ONE POINT 2枚目のショップカードを作成するには

手順9の画面で、保存して「ラックアップカードを作成」をクリックすると、2枚目用のショップカードを作成できます。1枚目とは色違いのカードを作成したり、ゴールの特典を1枚目とは別のものにする場合に作成します。

「印刷用ポイント付与QRコード」をクリックし、「作成」をクリック。

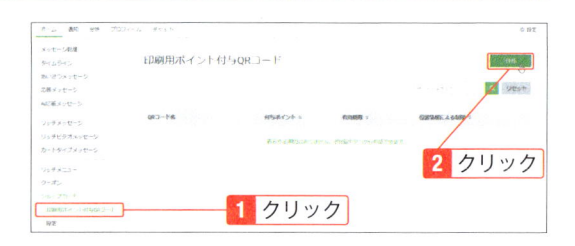

ONE POINT　印刷用のショップカードとは

QRコードを読み取ることでポイントを付与します。来店時にポイントを付与する場合は、ここでダウンロードしたQRコードをレジで読み取るようにできます。

 QRコード名を入力。付与ポイントや読み取り期限などを入力し、「保存してファイルを表示」をクリック。

ONE POINT　ポイント付与履歴を見るには

左側メニューでショップカードの「ポイント付与履歴」をクリックすると、ポイントを付与した履歴が表示されます。

 画像をクリックするか「一括ダウンロード」をクリックしてダウンロードできる。

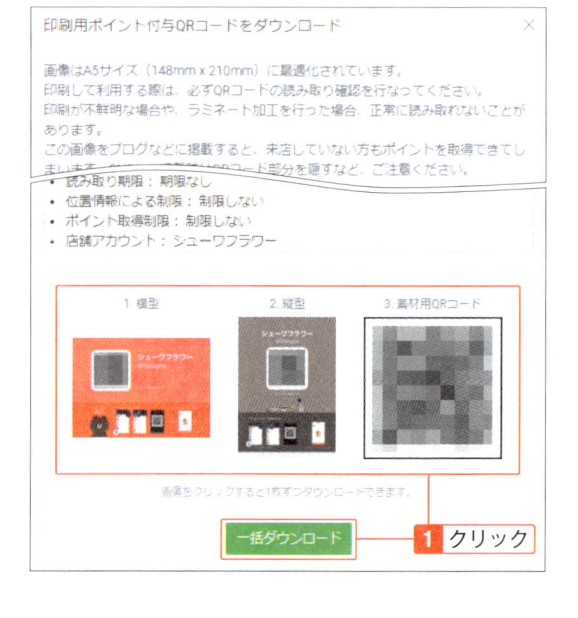

ONE POINT　ショップカードを編集・停止するには

ショップカードに修正箇所があった場合は、「ホーム」画面の「ショップカード」の「設定」をクリックし、修正して「カードを更新」をクリックします。停止する場合は「カードの公開を停止」をクリックします。ただし、突然の停止は迷惑がかかることもあるので気を付けてください。

「LINE公式アカウント」アプリでショップカードを作成する

　「LINE公式アカウント」アプリのホーム画面で、「ショップカード」をタップし、「ショップカード設定」をタップします。次の画面で「ショップカードを作成」をタップし、ゴールまでのポイント数やゴール特典などを設定して、「保存してカードを公開」をタップします。

▲「ショップカード」をタップ
　する。

▲「ショップカード設定」を
　タップする。

◀ショップカードの内容を設
　定する。

ユーザーの動向を分析する

売上見込み計算式から目標友だち数を算出しよう

売上目標を達成するために、友だちに何人登録をしてもらえればいいのか、上司に求められる時があります。マーケティングでよく使われる、売上目標計算式を使っての友だち数計算式は次の通り「友だち数＝売上目標÷（来店率×1組あたりの人数×客単価）」。友だち数以外に、これまでの経営の中から数値を割り当てれば、必要な友だち数がはじき出されます。

メッセージやタイムラインを分析する

「分析」をクリックすると「ダッシュボード」が表示される。メッセージ数や友だち追加の数などを確認できる。右上の「30日間」をクリックして1か月分に切り替えられる。

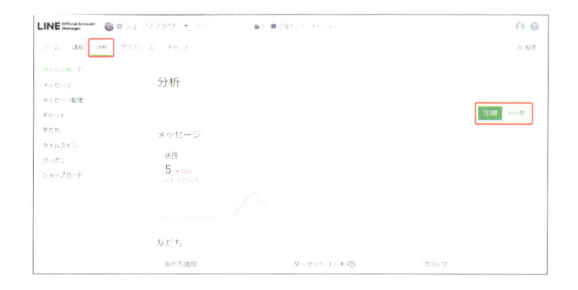

左の一覧から「メッセージ」や「メッセージ配信」などそれぞれの集計結果を見ることができる。

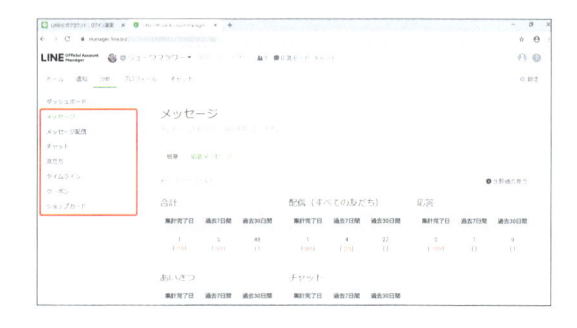

ダッシュボード	7日間または30日間のメッセージ、友だち、チャットの分析を1つの画面で見ることができる。
メッセージ	あいさつやチャットの数が表示される。
メッセージ配信	メッセージが開封された数、クリックされた数、動画や音声が再生された数が表示される。
チャット	チャットの送受信数が表示される。
友だち	友だちが追加された数やブロックされた数が表示される。
タイムライン	タイムラインの投稿でクリックされた数、いいねやコメントが付いた数が表示される。
クーポン	クーポンの開封数や使用数が表示される。
ショップカード	付与ポイントの数や特典チケットの数、使用ユーザーが表示される。

 「LINE公式アカウント」アプリでユーザーの動向を分析するには

　「LINE公式アカウント」アプリ下部にある をタップすると分析結果が表示されます。項目を切り替えるには上部の「>」をタップし、次の画面で「∨」をタップして選択します。

公式アカウントをLINEやネットで検索できるようにする

(!) Check ステータスを計画的に入れよう

検索には、地域名、アカウント名、ステータス、認証アカウントの場合は業種も反応します。足りないキーワードをステータスに入れて文章を作りましょう。

プレミアムIDを購入する

1 「設定」をクリックし、「アカウント設定」をクリック。

2 「プレミアムIDを購入」をクリック。

(ONE POINT) プレミアムIDで検索してもらいやすくする

認証済みアカウントになるとLINE内で検索が可能になり、アカウント名、LINE ID、ひとことに含まれたキーワードが検索対象となりますが、加えて有料のプレミアムIDを取得して会社名や店舗名にすれば、より見つけてもらいやすくなります。

なお、「LINE公式アカウント」アプリでプレミアムIDを購入する場合はホーム画面で「利用状況」をタップし、「プレミアムID」をタップし手続きします。

3 「お支払い方法を登録」をクリック。

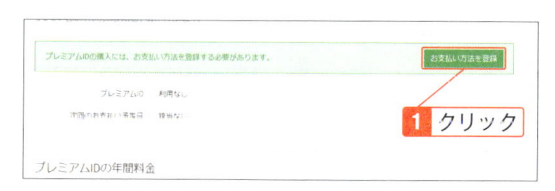

4 「お支払い方法を登録」を
クリック。

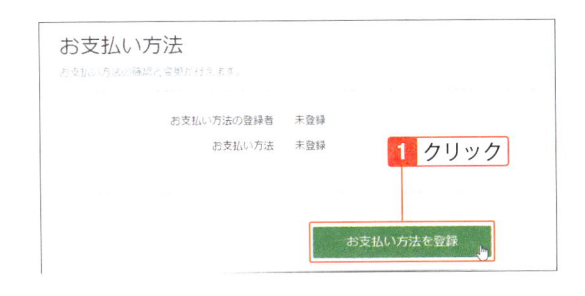

5 購入方法を選択し、「確認」
をクリック。次の画面でク
レジットカード番号を入
力し、「登録」をクリック
する。「LINE Pay・クレ
ジットカード」を選択した
場合は、スマホでの操作も
必要。

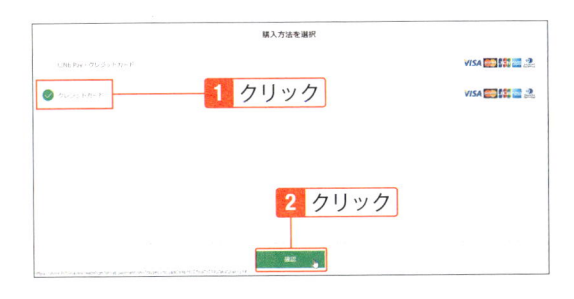

6 支払い方法を設定したら、
希望のIDを入力し、「プレ
ミアムIDを購入」をク
リック。

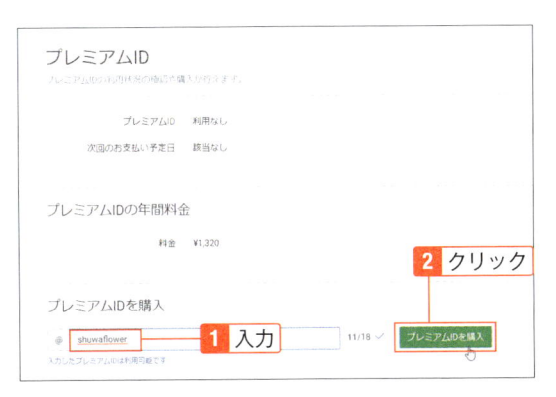

 公式アカウントを有料プランで使うには

手順2の画面で、「プランを変更」をクリックして有料プランへの手続きができます。支払い方法の登録が完了した状態で、希望のプランの「アップグレード」をクリックしてください。

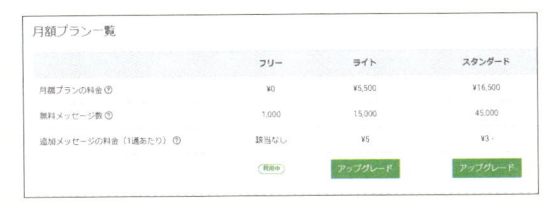

公式アカウントを複数人で管理する

⚠️ 管理は複数人で行おう

個人のLINEアカウントを不用意に削除してはいけません。管理画面にログインできなくなるだけでなく、自分以外にログインできるユーザーを追加することもできなくなります。もしものことを考え、管理者は複数人で運用しましょう。また、管理者が変更になる場合は、必ず引き継ぎを行いましょう。

メンバーを追加する

1 右上の「設定」をクリックし、「権限管理」をクリック。

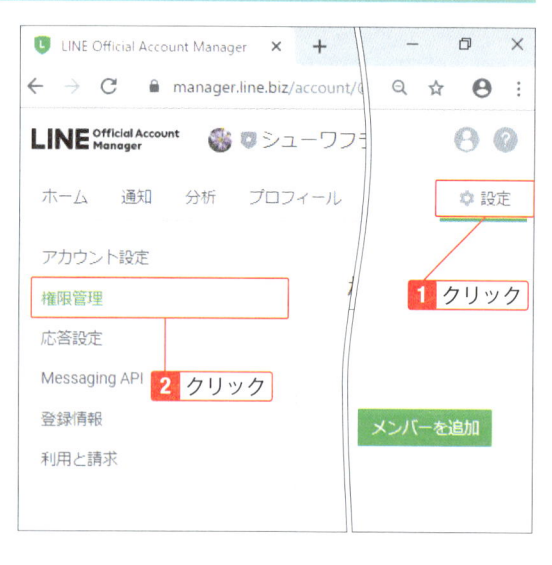

ONE POINT 「LINE公式アカウント」アプリでメンバーを追加するには

「LINE公式アカウント」アプリのホーム画面で「設定」をタップして「権限」をタップし、「メンバーを追加」をタップします。「LINE」をクリックすると、LINEの友だちを選択する場面が開くので、タップして送信します。操作は「管理者」が行ってください。

2 「メンバーを追加」をクリック。

「権限の種類」をクリックして選択。

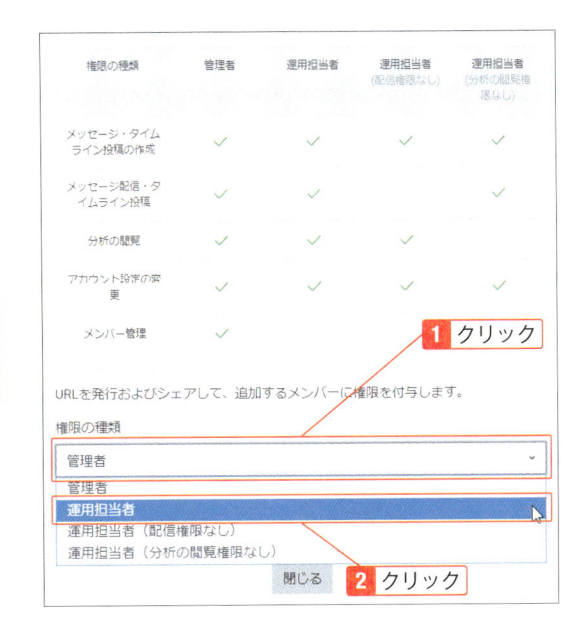

ONE POINT　権限の種類

管理者、運用担当者、運用担当者（配信権限なし）、運営担当者（分析の閲覧権限なし）から選択できます。アカウントの管理や分析の閲覧などすべての機能を使えるのは「管理者」です。重要な役割なので、管理者に設定する人数は必要最小限にしましょう。

4 「URLを発行」をクリックし、追加する人にURLを知らせる。

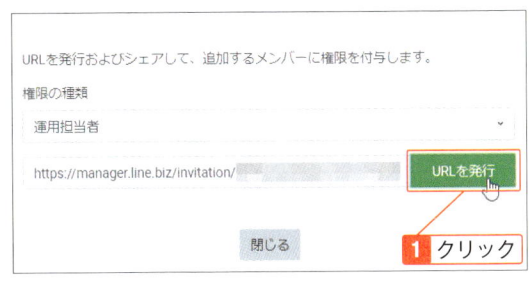

5 リクエストされた人は「承認」をタップすると参加できる。

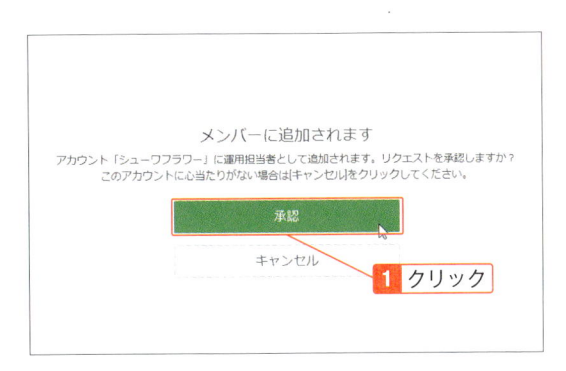

複数のアカウントを使う

新しいアカウントを作成する

1 ログインしたままで、
https://www.linebiz.
com/jp/entry/にアクセ
スし、「未承認アカウント
を開設する」をクリック。

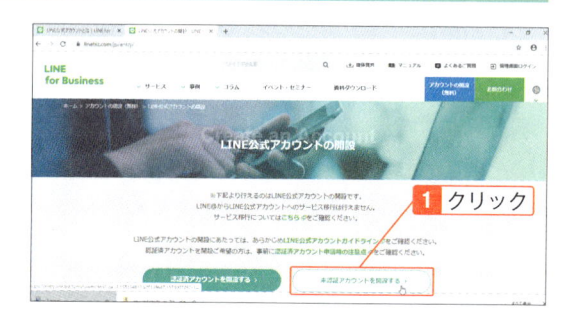

2 SECTION07-02の手順10
の画面で、アカウント名と
メールアドレス、業種を入
力し、下部の「確認する」
をクリック。

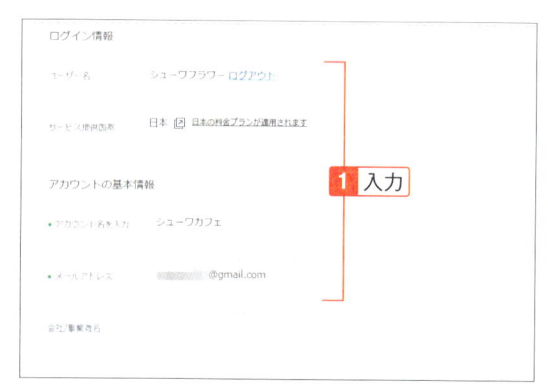

作成できるアカウント数

作成できるアカウント数は1つのLINEビジネスIDにつき100アカウントです。

3 「完了する」をクリック。

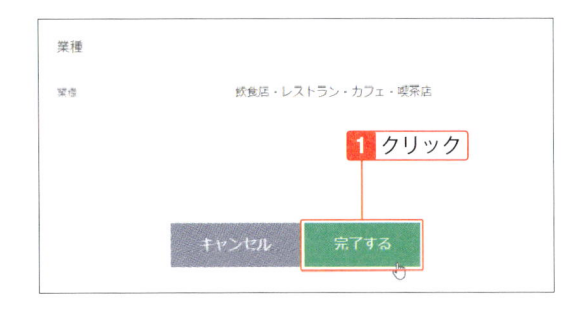

4 「LINE Official Account Managerへ」をクリック。次の画面で「同意する」をクリック。

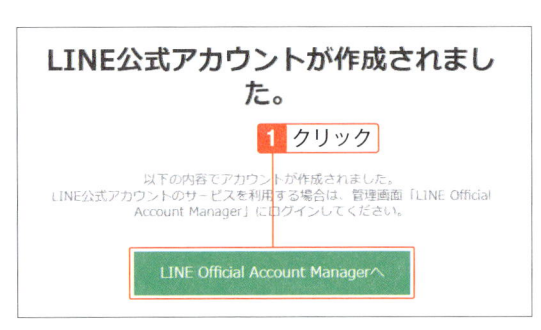

アカウントを切り替える

1 右上のアカウントアイコンをクリックし、「アカウントリスト」をクリック。

2 アカウントリストが表示されるのでクリックして開ける。

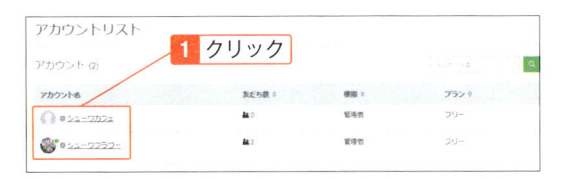

 ONE POINT **「LINE公式アカウント」アプリで複数のアカウントを使う**

「LINE公式アカウント」アプリで左上の ☰ をタップするとアカウントが一覧表示されるのでタップして切り替えることが可能です。また、「アカウントを作成」をタップして、新しいアカウントを作成できます。

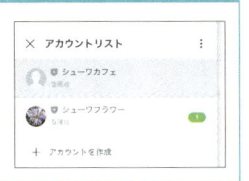

アカウントをグループ化して管理する

1 右上のアカウントアイコンをクリックし、「グループリスト」をクリック。

2 「作成」をクリック。

> **ONE POINT アカウントのグループ化**
>
> 複数のアカウントがある場合は、グループ化しておくと、メッセージやタイムラインを一括して作成したり、投稿したりできます。複数人で管理している時にも管理しやすくなります。

3 「追加」をクリック。

4 追加するアカウントをクリックし、「追加」をクリック。

> **ONE POINT 公式アカウントを削除するには**
>
> 会社や店舗を閉めることになって、公式アカウントが不要になった場合などは、アカウントを削除しましょう。「設定」をクリックし、「アカウント」をクリックし、「アカウントを削除」をクリックします。次の画面の説明をよく読み、「アカウントを削除」をクリックします。なお、追加した友だちを含め、すべての情報が削除され、元に戻すことができないので慎重に操作してください。
>
> 「LINE公式アカウント」アプリの場合は、「設定」→「アカウント」の「アカウントを削除」をタップします。

ビジネスで使える
LINE公式アカウントで
効果を上げるコツ

8200万人が使う、日本最大のプラットフォームを持つLINE。他のSNSと違い、確実にあなたの思いを届け、伝わる力を持ち、他のSNSでは、LINE公式アカウントの足元にも及びません。スマホで簡単に利用できるうえ、無料から使えます。LINE公式アカウントを始めてみませんか？

LINE公式アカウント運用の流れ

(!) 配信する前にやるべきこと、考えるべきこと

LINE公式アカウントを作ったから、「さあ配信！」と思っていませんか？実は、いきなり配信しても全く効果はありません。配信する前に、効果を上げるために少し使い方・考え方を頭の隅に入れておいていただけたら幸いです。

公式アカウントで効果を出すための運用手順

LINEは始めるのは簡単です。LINE公式アカウントもLINEと同様、友だちとのコミュニケーションツールです。ということは、友だちがいないと何にも反応がありません。アカウントを作っただけでは友だちはまだゼロです。

数に応じて費用負担が変わる郵便や電話などと異なり、LINEは配信数の多さは、「作業量」には影響しません。そこに投稿などの労力を使うのは、コスト的にもったいないと思いませんか？

ただし、マーケティングを意識するかどうかで、成果が変わってきます。LINE公式アカウントの運用に失敗しないための流れを身につけてください。

● 運用の流れ

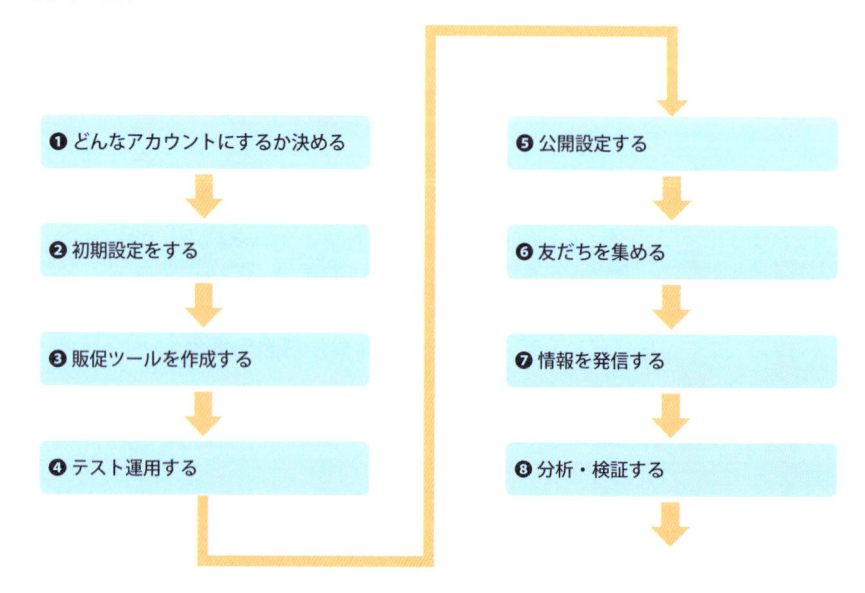

いかがですか？みなさんが想像していた「発信」は、ほぼ最後の段階になります。

LINE公式アカウントを作ったら「こんな配信をしよう」「あんな投稿をしよう」とイメージが湧いていますか？湧いていればOKですが、作ったはいいが、何もしないアカウントも実は多いのです。

また、「無計画だが、お客様の反応を見ながら運用する」か「目標を立てて計画的に運用する」、どちらでも成功します。ただし、お客様とコミュニケーションが円滑に行えている方は、まずは無計画で運用を始めても成功します。お客さまの気持ちに目を向け、行動に関心を持ち、お客さまとの関係をそのままLINEに置き換えれば大丈夫です。

そうでない場合は、想いが溢れすぎて、メッセージを連続で送信してブロックされたり、反応がないからといってメッセージをさらに送信し、結局ブロックが増えたりという、悪循環に陥ってしまいます。

このように、お客さまとのコミュニケーションがイマイチ不安だ、または早く成功したいという方は、ちょっとした準備をするだけで大きく変わります。まず、アカウントを運用する前に、少し考えませんか？

● 属性ごとに公式アカウントを作成・運用して反応率を上げよう

LINE公式アカウントがブロックされる原因は、配信の多さだけではありません。ユーザーが「このアカウントは自分にとって有益ではない」と判断した時にもブロックが起こります。運用が楽だからと、ひとつのアカウントで運用すると、いろんな情報を流してしまいます。ユーザーに自分ごとではないと判断されてしまい、ブロックされてしまうのです。例えば、洋服販売店のアカウントで男性の商品の案内を送ると女性がブロック、エステサロンで講師養成の案内を送ったらエステのお客様がブロック、といったように自分ごとではない要因があれば、簡単にブロックされてしまいます。

そこで、属性ごとにアカウントを作ると、ターゲットに対するメッセージのブレがなくなり、ブロックされる理由がなくなります。LINE公式アカウントは200個まで作ることができます。ログインを変えるわけではなく、ひとつの管理画面で切り替えて使うことができます。また、アカウントを複数運用することで、それぞれのアカウントで通数カウントされるため、フリープランの通数制限1,000通を超えずに送れる可能性が高まります。

初期設定もいくつかやらなければいけないことがあります。作業は、丁寧に行うと工数1日は必要かもしれません。適当にするよりも、1日集中して作ってしまった方が、辻褄の合う良い設定ができる傾向にあります。

1）誰が運用するのか決める

誰が投稿するのか決めましょう。できれば複数人での管理がオススメです。複数人で行うことにより、配信内容をチェックしあいミスを減らすことができ、ひとり管理者でよく起こりうる「まあ、いっか。また明日」と配信が伸びたり止まったりすることを防ぎます。何かトラブルが発生した時や、配信内容が不安になった時に相談できる仲間がいることはとても大切です。何人で運用するのか、そして中心となる管理者を決めましょう。

2）LINE公式アカウントの初期設定を行う

- ・アカウント設定（SECTION07-02、07-04）
- ・あいさつメッセージの設定（SECTION07-08）
  - ※友だち追加してもらうきっかけを決め、必要に応じてクーポンやショップカードの設定を行う
- ・応答設定やチャットの設定（SECTION07-08、07-09、08-10）
- ・プロフィールページの設定（SECTION07-05）

❸ 友だちを集めるための販促ツールを作成する

　LINE公式アカウントを作ったからといって、友だちは勝手に増えていきません。友だち追加するためのきっかけがなければ、友だちは増えません。どこで自分のお客さまとなる人と接触できるか考えて、販促ツールを作りましょう。

　認証アカウントの場合、キャラクター入りのポスターや販促グッズであるノベルティが管理画面より購入できます。ノベルティは有料ですが、オリジナルを作るだけの技術がない場合は、デザイナーに頼んだり印刷するコスト面や用意できるまでのスピード的にも、断然オススメです。パソコンの管理画面の「友だち追加」から、印刷や購入を進めましょう。

▲ LINEキャラクター入りポスター（認証アカウント限定）

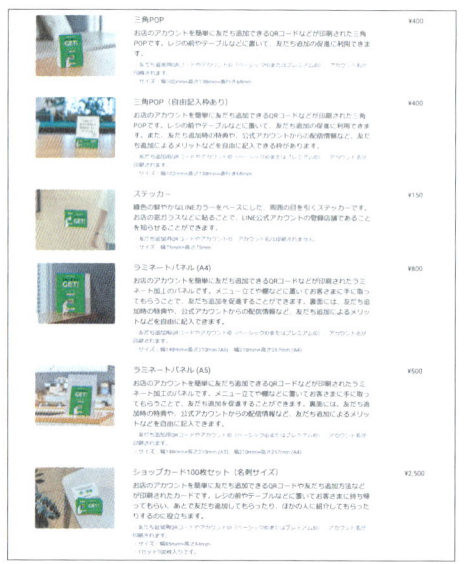

▲ LINE公式アカウントのノベルティ
（認証アカウント限定）

　各種設定を行い、販促ツールを作ったら、実際に販促ツールから自分で「自分のアカウントをLINEで友だち追加」して、メッセージの配信やタイムラインの投稿、チャットでやりとりするなどの「テスト」を行いましょう。

　できていないこと、わからないこと、不安なことを洗い出して解決してから公開しましょう。一人で運用している場合は、仲間や家族を友だちに追加して、テストに付き合ってもらうと良いでしょう。自分では気づけないミスもたくさんあります。

● どんなことをテストするの？

・メッセージを送信する
・タイムラインに1投稿する（SECTION09-04）
・トークルームでやりとりする
　※お客様になりきって、問い合わせなどを想定して　自分のアカウントに語りかけてみましょう
　— 友だち追加してみて、友だち追加メッセージを確認する
　— キーワード応答に反応するような質問をしてみる
　— シンプルQ＆Aに反応するような質問をしてみる、チャットに切り替えてみる
　— チャットでやりとりする

　このように、まずは自分がユーザーとなり一連の操作をテストしてみましょう。この時、ユーザーの視点で質問し、管理・運用者の視点を持って返してみます。「できる」と思い込まずに必ずやってみましょう。「できるだろう」は、概して「できない」ことが多いようです。失敗しないことが、成功に近づく一歩になります。

　タイムラインの投稿は修正・削除が可能です。よって、テストの後はどんどん投稿していきましょう。

◀タイムラインのカバー画像などを変更した時、自動的にアップされる。ブランディング的に不要と感じたら、［タイムライン］をタップ→［削除したい投稿］をタップ→［削除］をタップして投稿を削除するとよい。

09

LINE公式アカウントを広く周知させたい場合は、公開設定をONにしましょう。LINEアプリ内の検索結果に表示されたり、ふるふるで表示されたりします。

必ず、登録した場所でふるふるしたり、アプリ内で検索したりして、表示されているか確認してください。また、認証アカウントの申請が、この時点で完了していない場合は、申請が通ったら必ず公開設定に切り替えることを忘れないでください。

◀ [設定] をタップ→ [アカウント] をタップ→「検索結果での表示」をONに変更して、LINE上に公開にする。

▲検索画面に店名のキーワードを入れて、店舗が表示されるか確認する。

▲登録した住所・場所で「ふるふる」して表示を確認する。

❻ 友だちを集める

　友だち集めを始めます。スタッフはいきなり言われても対応できません。アプローチでの声のかけかた、友だち追加登録の方法、クーポンやショップカードの対応方法など、友だち追加されるまでの一連の内容をリアルで練習しましょう。特に声かけは、なんども練習しましょう。

　声のかけ方は、人によって違うかもしれませんが、みんなで声のかけ方の内容をシェアすることで、成功率が上がります。最初のひと声はなかなか出にくいものです。お客様を、嫌な思いや不安にさせてしまわないように、気持ちよくアプローチできるよう練習しましょう。

❼ 情報を発信する

　友だちが集まれば、メッセージを配信できます。今まで声をかけたお客様の顔を思い浮かべ、どんな話が喜んでもらえるか考えて、発信しましょう。

❽ 分析・検証する

　LINE公式アカウントでは「メッセージ」「友だち」「チャット」「タイムライン」「クーポン」の状況について確認できます。なんとなく分析レポートデータの数字を見るより、数値の意味を理解した上で、友だちのニーズを検証したほうが、LINE公式アカウント活用の幅が広がります。

　LINE公式アカウントの「メッセージ内容」「メッセージ送信のタイミングと頻度」「ユーザーの行動に合う時間や曜日で配信ができているのか」など、それぞれに対するブロック数を目安に見ます。

　日頃のお客さまからの言葉や行動を意識して、「この時期は、こんなコンテンツがお客さまに喜ばれそう」「クーポンはどんなものが喜ばれるのか」「役立つ情報ってなんなのか」に対して、これ！という仮説を立てて日々の配信を行い、分析で結果を確認します。続けることでお客さまが見えてきます。

　ただし、運用当初は、分析結果に振り回されずに、友だち集めをキッチリ行って、まずは投稿してみましょう。分析は少し人数が集まってからで十分です。

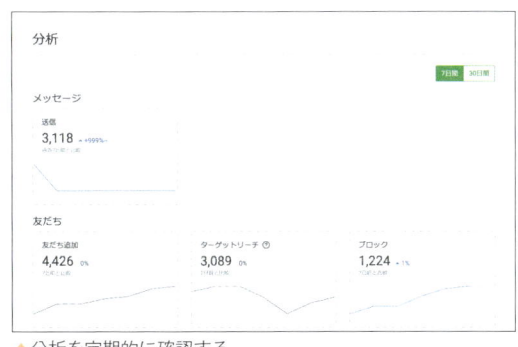

▲分析を定期的に確認する。

LINE公式アカウントで何をするか決めよう

相手が誰で何を望んでいるのか、何をこれからすべきなのか、マーケティングにおいて鉄板の考え方ですが、始める前に考えてみましょう。

まず、友だちになってほしいお客さまが誰なのかを考える

　LINEのメッセージを受け、友だちが動いてくれますが、「人を動かす」のはそう容易ではありません。

　しかし、LINEのメッセージは人を動かす力があります。最大限に効果を得るために、忙しいみなさんはせめて、始める前に一度でも、ターゲットについて考える時間を設けてみましょう。

❶ ターゲットは誰ですか？（年代、性別、どんな人？どういう生活をしていますか？）
❷ ターゲットはあなたのお店にいつ来ますか？どれくらいの頻度で来ますか？
❸ ターゲットにどうしてほしいですか？
❹ ターゲットはあなたから何をしてもらうと嬉しいですか？
❺ あなたは何をしてあげられますか？

　ターゲットがたくさん浮かぶようでしたら、❷〜❺もターゲットごとに考えてください。

　ターゲットが違えば、配信内容は異なります。ターゲットが違う相手用のメッセージは「自分ごと」ではないので、最悪ブロックされても仕方ありません。

　アカウントを使い分けることやAPIを使って分けることで、メッセージ配信分けすることもできますが、まずは一番多いターゲットを中心に考えていきましょう。

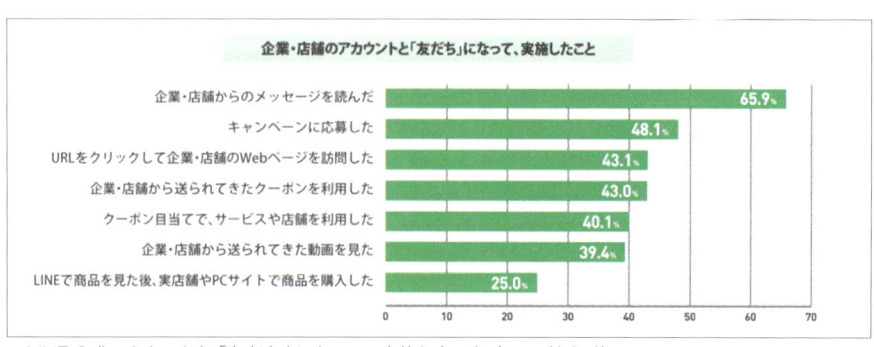

▲ LINE公式アカウントと「友だち」になって、実施したこと（LINE社より）

来店期間から配信頻度・配信のタイミングを考える

　メッセージをたくさん送りすぎても、「ウザい」と思われてブロックにつながります。美容院なら月に1回、飲食店なら週に1回のように来店してほしい頻度があります。その頻度がメッセージ配信頻度と同じ、もしくはプラス1回くらいで考えると良いでしょう。それ以上配信したい場合は、タイムラインで配信するなど、工夫をしましょう。

　配信のタイミングは、来店する少し前や計画を立てる段階のタイミングが良いようです。ショッピングに土日に来てほしいなら金曜日、クリスマスケーキの予約なら1ヶ月…といったように予定を立てる時期を考えて、メッセージを届けると良いでしょう。クリスマスなどのイベントに関することは、期間も長くあるので、その期間内、定期的に送ることもメッセージの配信のポイントです。

ターゲットを行動させるための施策を考える【特典編】

　ターゲットにどうしてほしいのかと、その人たちに喜んでもらう方法を考えたら、施策が決定されます。来店してほしいなら、来店するきっかけとその時に喜んでもらう内容を考えます。「友だち追加してくれたら　アイスクリームプレゼント」のような、友だち追加した時の特典だけでなく、ずっと友だちでいてもらうために「LINE友だち限定飲み放題無料」など、友だちであることのメリットからクーポンを決定します。

　またLINEショップカードがあれば、ターゲットは来店ポイントを貯めたいので、LINEの友だち登録につなげることができます。いろんなメリットを考えておきましょう。

ターゲットを行動させるための施策を考える【予約・お悩み解決編】

　修理関連やお悩み解決、予約・販売などがチャットからできるようであれば、ぜひチャットを取り入れましょう。修理ができるかどうか、予約ができるか、注文できるか、それが電話でなくLINEでできるということが、いまやインフラとなったLINEの強みです。

　チャット対応自体も、お客さまが友だちになるメリットになりえます。写真をつけてもらうことで悩みがわかりやすくなったり、LINEでやりとりすることで、予約や注文の控えとして「言った、言わない」というトラブルも減り…一石二鳥です。電車に乗っている時、営業時間外など、電話ができない時間帯、環境でもお客さまの都合の良い時間帯で入れてもらえることが魅力です。もちろん、営業時間内に折り返し連絡する、キャンセルは当日電話で…など、決め事を前もって伝えておくことも忘れずに。

▲焼肉かわちどん：LINE
友だち限定クーポンを
メッセージで配信。

▲ブーケ保存のアトリエ由
花：LINEで問い合わせ
をWEBに配置。

ビジネスで使えるLINE公式アカウントで効果を上げるコツ

友だちに喜ばれる情報は何か考えよう

　クーポンや割引ばかりが、喜ばれる情報ではありません。専門家であるみなさんからのお役立ち情報や、最新情報、限定情報など、特別な情報も喜ばれます。

　ただ、喜ばれる情報を伝えるときに気をつけてほしいのは、「売り込み」っぽく伝えないこと。先にメッセージはラブレターだとお伝えしました。「来てね」「待ってます」などプレッシャーをかけるような、売り込みばかりでは嫌われますよ。それ何？と興味をもってもらえるようなメッセージづくりを心がけましょう。友だちと、その後も何かコミュニケーション続くメッセージが作れるようになることを目指してください。

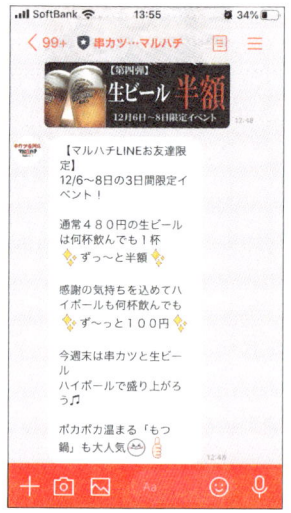

▲串カツマルハチ：お客さまに喜ばれる、LINE友だち限定イベント「ずっとビール半額キャンペーン」。

LINEだからこそ、言葉遣いに気をつけよう

　「言葉遣い」は大切です。ただ、ここでいう言葉遣いは、みなさんの想像しているものとは逆かもしれません。

　あまりにも堅苦しい言葉は、心に響きません。男性は特に苦手な方が多いようです。

　LINEはコミュニケーションツールです。できるかぎり話し言葉で書き、感情を絵文字で足すようにしましょう。

　そもそも書く（入力する）ことをやめると良いですよ。ターゲットを思い浮かべてその人に話しかけてみたものを録音してください。スマートフォンだったら、音声変換による文字起こしをしてくれます。

▲JAめぐみの：友だちに語りかけるようにメッセージを配信。

　イメージがわかない人は、競合他社をLINEで友だち登録し、その配信から学びましょう。LINEアプリで自分と同じ業種をたくさん登録して、どんな発信をしているのか学ぶことも良いでしょう。その際、サービス業、小売といった、大きなくくりで見てみると良いでしょう。配信のタイミングやクーポンの種類、メッセージの書き方など、友だち数の多いところは上手なことが多いので、目安として友だち数の多いところをチェックすると良いでしょう。

　また、近隣のお店を登録しておくことも大事です。他社がキャンペーンなどしていたら、お客さまがそちらに流れてしまいます。登録しておけば、対抗策など対処を考えられますね。

▲周辺地域の店舗の状況を取得するため、ふるふるで検索。

目標を決めよう

　目標を決めておくことも、継続的に運用できるポイントになります。いつまでに友だち数を何人増やすか、友だち追加の目標がある方が、早く友だちが増える傾向にあります。最初は増えにくいですが、目標があれば頑張りやすいようです。そして、売上をどれくらいまで伸ばすのかまで決められたら良いですね。

LINE公式アカウントで成功するために 友だちを集めよう

> **(!) Check メッセージ配信やタイムライン投稿よりも重要な、友だち集めを頑張ろう**
> LINE公式アカウントは、友だちがいないところで何をやっても見てもらえないので成果にはなりません。友だちあってこそ成果につながります。投稿発信する以上に、友だち集めがLINE公式アカウントでは大切です。

LINE公式アカウントで一番頑張るべきは友だち集め

LINE公式アカウントを始めると、メッセージを送ることやタイムラインに投稿することばかり頑張っている人を見かけます。LINE公式アカウントでは基本、メッセージもタイムラインも友だちに表示されます。その友だちがいないところに、労力を使っても意味がありません。アカウントを作って初期設定をしたら、まず友だち集めの販促物を作って友だち集めに注力しましょう。ある程度集まったら、投稿すると良いでしょう。

友だち集めの最初は、親しい人に声がけをして友だちになってもらうのがオススメです。温かく見守ってくれて、運用の励みにもなります。

また、目標があったほうが友だちも集めやすいことから、「いつまでに100人」のように決めましょう。初めの100人くらいまでは、集客にもなれていないため集まりにくいかもしれません。100人をまず目指して、友だち集めを頑張りましょう、その次は300人を目指しましょう！その頃にはLINE公式アカウントの効果も感じられるようになっていることでしょう。

▲友だち集めの例。キャラクターのぬいぐるみをそばに置いて、友だち追加をより積極的にアピール。

リアルとWEBからしっかり友だちを集めよう

LINE公式アカウントには、友だち集めをするためにQRコードや友だち集めへのリンク、キャラクター入りポスターなどがツールとして用意されています。ツールを使って、店頭用に自社ポスターやポップなどの掲示物、リアル用には名刺やチラシなどの配布物、ネット用にはバナーやリンクといった販促物を作れます。

販促物には「友だち追加したら100円OFF」といった特典や、「毎月LINEのお友達だけにプレゼントあり」などといった、友だちになるメリットを載せることで、アカウントに興味を持ち、友だちになってもらえます。

店頭で友だちを集めるには、お客様が足を止める場所（レジ周り・待合・座席）を意識して販促物を掲示し、声がけするショップカードなど、配布物でお誘いします。友だち作りのさらに良い手段としては、声がけが最強です。

ネットでは、「友だち追加はこちら」と誘導したり、QRコード画像を表示して友だち登録に促します。とにかく、店頭・リアル・ネットで目に触れるところに友だち追加の表示があるようにしましょう。

❶ 店頭で告知
声かけ ／ ポップ ／ パネル ／ ショップカード ／ チラシ ／ ポスター ／ キャンペーン
❷ リアルで告知
名刺 ／ チラシ ／ フリーペーパー
❸ WEBで告知
自社サイト・ブログ ／ SNS ／ メルマガ ／ タイムライン
❹ LINEアプリからの検索
❺ 広告で告知（LINE Ads Platform）

最初が肝心！友だち追加メッセージも大切にしよう！

　友だち追加された時、その友だちに吹き出し5つまで、メッセージを届けることができます。友だち追加してくれたことへの感謝と、これからどんな配信をしていくのか、このトークルームでのルールを伝えましょう。また、リサーチ機能を使ってアンケートに答えてもらったり、その他のSNSによる発信を伝えたりすることもオススメです。

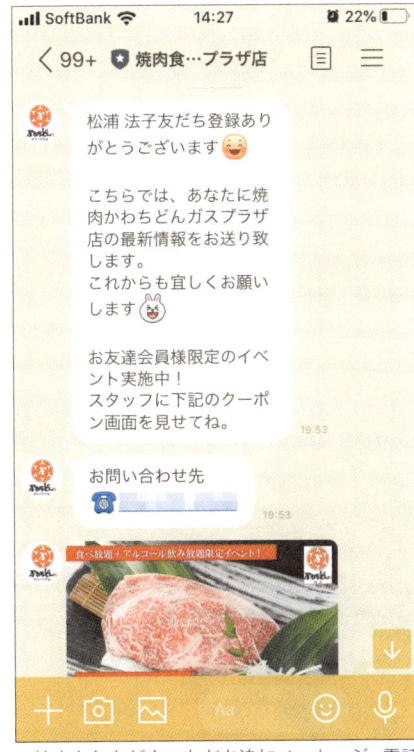

▲焼肉かわちどん：友だち追加メッセージ。電話番号を表記して予約へ誘導。

ブロックを怖がらない！好きでいてくれる友だちを大切にしよう！

　LINE公式アカウントを運用していると、どうしてもブロックはつきものです。従量課金制なので、合わない人が友だちにいるとコストがかかることの方が、むしろリスクと捉えた方が良いでしょう。好きでいてくれる、反応してくれる人に友だちになってもらえることで、成果が上がります。

　そして気になるブロック率ですが、2～3割が理想的です。友だち数が多くなればなるほど、ブロック率も上がりやすくなります。アカウント上で見えているのは「有効友だち数」で、ブロック数は管理者以外には見えません。大手企業などの場合、多くの友だちがいるように見えていても、実はブロック率8割…といったアカウントもあります。周りに左右されず、自分の友だちの数だけしっかり見ていきましょう。

　しつこいようですが、LINE公式アカウントを運用する中で、友だち集めは一番必要なことです。成功しているアカウントは、友だち集めに注力を注いでいます。月末に、先月よりたくさんの友だちに増えていることを目指して、友だち集めはずっと頑張り続けましょう。

広告でもっと広く友だちを集めよう

　「友だち追加広告」とは、LAP（LINE Ads Platform）のことをいいます。LINEの広告配信機能の1つで、CPF（Cost Per Friends）です。認証LINE公式アカウントならば、LINE公式アカウントのWEB版管理画面から簡単に出稿できる機能です。多くのユーザーが利用しているLINE NEWSやLINEアプリのタイムラインなどに友だち追加を促す広告が表示され、友だちを獲得する接点を大幅に増やすことができます。LAPの管理画面だけでなく、LINE公式アカウントのパソコン版管理画面からも出稿できます。

　広告の配信先は「性別」「年齢」「エリア」「興味・関心」による絞り込みができ、選択した配信先や入力した予算に従って、獲得数のシミュレーションが表示されるため、出稿のプランや計画を立てやすくなっています。

　さらに、予算の範囲内で友だちの追加数が最大になるように広告が配信されるので、運用する負担も少なく、予算面でも安心して利用できます。1万円から出稿できますが、出稿審査があり、認証アカウントを取得するよりも、ハードルが高くなります。

▲友だち追加広告をタイムラインから出稿できる。（https://www.linebiz.com/jp/service/line-ads-platform/）

準備が整ったら、早速投稿しよう！

(!) たくさんのコメントやいいねをもらって、タイムラインをもりあげよう

タイムラインは無料でどれだけ投稿してもコストがかからず、友だちに嫌われにくいコンテンツです。コミュニケーションの場としてタイムラインを盛り上げれば、人気のアカウントとしてブランディング力アップにつながるので、積極的に使っていきましょう。

無料で使い放題のライムラインに投稿する

LINE公式アカウントといえば、メッセージを使ってユーザーにダイレクトに情報を伝えることを思い浮かべる方も多いと思います。しかしプライベートのLINE同様、公式アカウントでもタイムラインに投稿できます。

そして、LINE公式アカウントは重量課金制であり、無料プランでは1000通までしかメッセージを送れませんが、タイムラインは無制限で投稿することが可能です。さらに、メッセージは送信するたびにPOP通知されるため、頻度やタイミングによってはブロックされてしまいますが、タイムラインは、ユーザーのタイミングで閲覧されるので、1日に高い頻度で投稿しても、嫌がられる心配がありません。

また、タイムラインには、文章や画像、動画やクーポンを投稿できるほか、位置情報付きの住所やサムネイル表示でWEBページ紹介することも可能です。
メッセージで配信するほどでもない細かなこと、メッセージで伝えきれないことは、タイムラインで投稿すると良いでしょう。

▲子犬販売ポッケ：ファンが楽しみにする投稿。1日に何度か投稿する日もあり。

安心してコミュニケーションを図れるタイムライン

　FacebookやTwitterでは、コメントがつくと即時表示されます。一方でLINEは承認制にすることができるので、タイムラインがイタズラに荒れることはありません。また、設定でスタンプを自動的に表示させることができたり、決まった言葉（飲食店では「まずい」など）をスパム設定したり、迷惑なユーザー自体をスパム設定することも可能です。初心者でも、他のSNSより安心してコミュニケーションをはかれるようになっています。

　ただし、承認しないと表示されないことから、コメントが入っていないか、自分で定期的にチェックすることが必要です。コメントのやりとりを見て、新規のお客さまも好感を持つきっかけにもなりますので、コメント返しはオススメです。

　ここで気をつけて欲しいのは、本名を知っているお客さまに対しても、LINEネームで呼ぶことです。親しいからといってあだ名や本名を晒したりすることは、信用を無くしたり、えこひいきに見えるので気をつけましょう。

▲タイムラインのコメントが入った時の、コメント承認前の管理画面。

いいねを増やしてシェアから新規顧客を獲得しよう

　タイムラインは、ユーザーと気軽にコミュニケーションが図れる場所です。タイムラインでは、友だちが「いいね」を押すと、友だちの友だちにシェアされます。Twitterのリツイートのようなイメージで、自分とつながっていない人にもアプローチ可能となります。

　LINEはプライベートでのつながりが多く、さらに同じ趣味嗜好の仲間でのコミュニケーションの場になっていることも多いSNSです。ひとりが良いと思う内容は、同じ趣味嗜好の人も良いと思いやすく、いいねが押され続け広がります。一人一人の友だちが少なくても、利用者数8200万人という大きな母数のLINEですから、友だちの友だちの友だち…という風に、つながりは大きいものになります。

　いいねが増えれば、魅力的なアカウントに見えるので、ブランディング力アップにつながります。投稿内容について、Aがよかったら😊、Bがよかったら😺のようにゲーム性を持たせて押してもらったりなど工夫して、いいねを押してもらいやすいコンテンツを考えましょう。

▲シェアされて表示され、友だちの友だちのタイムラインに表示された。

タイムラインはコミュニケーションの場になります。タイムラインを盛り上げることで、新規のお客さまに良い印象を与え、友だち追加に繋がりやすくなります。

また、前述のとおり、LINE公式アカウントは他のSNSとは異なり、ユーザーが投稿しても即時にコメントが表示されることはありません。運営側でコメントの承認をして初めて表示されるので、タイムラインがイタズラに荒れることはありません。決まったキーワードに対して、自動でスパム判定してコメントを除外させることや、ユーザーに対してスパム認定して投稿拒否することもできます。

しかし、これも前述のとおり、承認制ということは、承認しないと表示されません。お客さまがつけてくれたコメントを早く表示させ、早めに返事をすることで、返事を楽しみに待っているお客さまとの良い関係性構築につながります。コメントが活性化しているアカウントはいいねも集まりやすい傾向にあり、シェアにつながることから、コメント返しは大切な運用ポイントになります。

▲サーティワンのLINE公式アカウントのタイムライン。たくさんの人のいいねとたくさんのシェアで、多くの人のタイムラインに表示された。

情報をメッセージで発信しよう

 開封率や反応率が高く、効果が高いのが最大の強み

友だちを集めたらメッセージを使って情報を届けましょう。届けた情報をきっかけに、お客さまに来店や買い物をしてもらったり、サービスを利用してもらったりという流れを作ります。

情報を届けてファンを作ろう

情報を定期的に届けて、お客さまに何度も来店や買い物をしてもらえるような、ファンになってもらうことを目指して継続的な配信を行います。この時、意識するのは新規ではなく、リピーターとなるターゲットです。メッセージが一番響いてほしい人を想像して、その人が喜ぶ内容を作ります。そして、そのお客さまが配信内容に興味を持ち、さらに詳しく知りたいと思えるような内容にします。

メッセージの内容で完結するより、そこから予約や問い合わせの電話やチャットに繋がったり、WEBへ遷移したりと、次の行動に移せる内容にしましょう。商材やサービス内容で、ターゲットに「また同じような情報が届いた」という印象を与えない、飽きられないことも大切です。

なお、LINE公式アカウントを運用する際「他のSNSと連携したい」とご相談をいただくことがありますが、メルマガや他のSNSとは別の内容を届けましょう。他のSNSだけで良いと思われたらブロックされます。LINEだけの特別感・限定感による他SNSとの差別化が、継続的に友だちの心を掴みます。

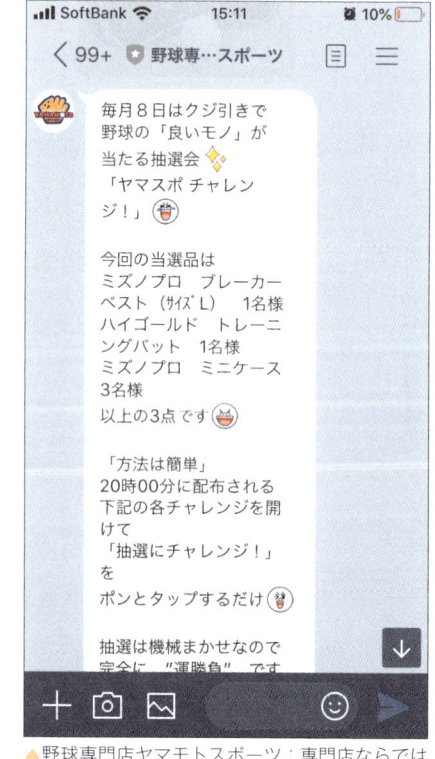

▲野球専門店ヤマモトスポーツ：専門店ならではの配信とファンを喜ばせる企画。

メッセージを届ける時間や間隔を考えよう

　LINE公式アカウントから届けるメッセージは、PUSHメッセージで開封率や反応率が高い、効果的なプロモーションになります。こんなに効果の高いものは他にありません。LINEのメッセージの価値を落とさないためには、「ブロックされない」ことを目指します。

　ブロックされないためには、ターゲットに寄り添った、メリットのあるメッセージを届けることが大切です。その際に、案外意識されないのが、配信時間や頻度です。メッセージが配信される時間帯や頻度をユーザーが不快に感じた場合、ブロックされます。

　配信時間や頻度は運用側の都合で決めるのではなく、商材の特性やターゲットの生活パターンを考慮して決定しましょう。

●生活パターンに合わせた配信時間を狙おう！

　ターゲットがLINEを見ている時間帯、時間に余裕のある、「すきま時間」がねらい目です。ターゲットの生活パターンを想像して、学生さんや社会人は通学・通勤時間、主婦の方には家事が落ち着いた時間、夜のホッとしたひと時など、時間帯も異なります。色々変えてみて反応を図ることも良いでしょう。配信情報を検討する際には、過去に反応が良かった配信内容を参考にしましょう。

●配信は週1回から、月1回でもOK！

　LINE公式アカウントのメッセージはプッシュ通知されます。他のSNS投稿ではできない強力な通知になります。効果的に活用すれば、確実に友だちに情報を届けることができるLINEの一番の魅力です。しかし、頻繁にメッセージが届くと、鬱陶しく感じブロックされます。週1回程度の配信を目安に始めましょう。お客さまの喜ぶ内容があれば、必要に応じて配信を足すようにするなど、まずは配信計画を立てましょう。

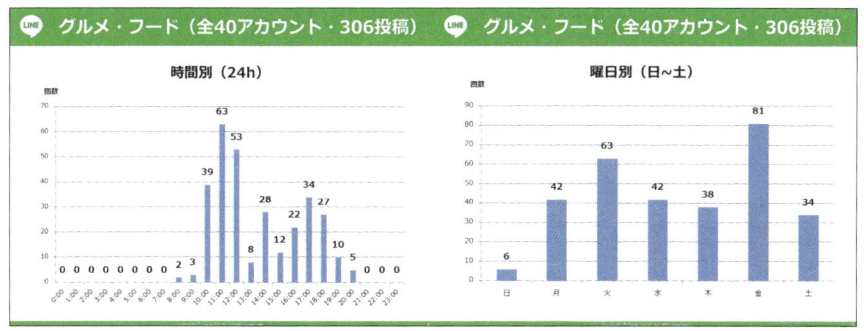

▲LINE公式アカウントの配信傾向（グルメ・フード版）（LINE社より）

LINEの醍醐味、
チャットでコミュニケーションを図ろう！

(!)Check スムーズな顧客対応を促進し、お店とお客さま両者にメリットがある

LINEで効果を上げているアカウントは、チャットを上手に使っています。電話はしたくないけど、チャットでなら話したい人もたくさんいます。場所も時間も気にせず送れるチャットを使って、お客さまとやりとりしましょう。

チャットのコミュニケーションでお客さまの要望に応えよう

　LINE公式アカウントの一大魅力として、一斉配信できることが挙げられます。しかし、ユーザー側である友だちに喜ばれる対応ができるのは、チャットでの個別の対応です。

　そもそも、電話の取り逃しは機会損失および顧客満足度低下を招くリスクがあります。チャットを活用すれば、店舗が忙しいときでも、手の空いている時間に確認・返信ができます。特に、少人数でのオペレーションが必要な場合でも、無理なく顧客対応ができます。お客さまも好きなタイミングで応答ができるため、双方でストレスを感じることなくやりとりを進められます。

　チャットに関して、対応に追われるのではと不安に思うアカウントオーナーさんもいらっしゃいますが、基本、いま電話でかかってきている数以上には、チャットは届かない傾向があります。また、対応しきれないくらいチャットが届くということは、そこに大きなビジネスチャンスがあるということですので、スタッフを増やしてでも対応し、売り上げを上げた方が建設的ともいえます。

▲インスタの投稿からLINEに問い合わせ。

チャットメッセージは、電話の会話のように

　チャットのメッセージは、通常お客さまと接する話し言葉くらいラフで構いません。もしかすると男性の方には、少し難しいかもしれません。

　手入力すると堅苦しくなりがちです。そんな時は、スマートフォンから音声変換して入力してみましょう。絵文字もできるだけ足して、メッセージを送ってきた相手の方と同じ様なトーンで返せれば最高です。

複数人管理でスムーズかつスピーディに回答しよう

　お客さまである友だちからチャットが入った時に、複数人で管理すると、手が空いている人が応えることができ、スピーディな対応が可能になります。チャットですので、いち早い対応ができると成約率も上がります。

　この時トークルームでは、管理側では吹き出しごとに対応者名が表示され、誰がどのように対応したかわかります。一方お客さまからは、対応者名は見えずアカウント名しかわからないので、途中で対応者が変わったことも、そもそも誰が対応したのかわかりません。担当制があって、どうしても担当者名を伝えたい場合は、名乗ると良いでしょう。

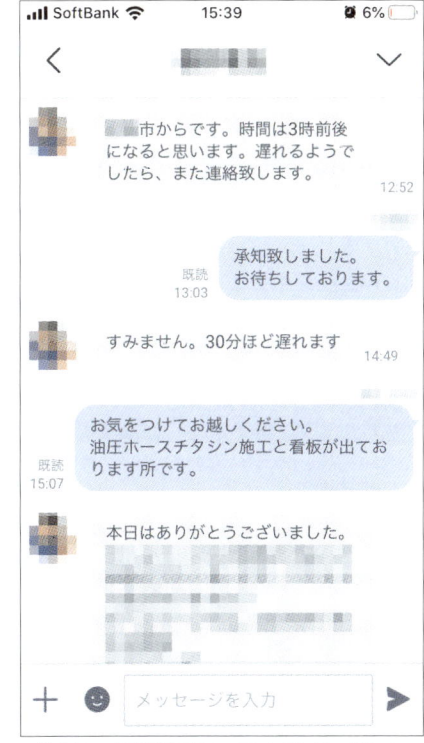

▲油圧ホース修理販売ホースラインジャパン：
担当者の名前が吹き出しの上に表示され、顧客対応の引き継ぎを軽減。

ビジネスで使えるLINE公式アカウントで効果を上げるコツ

後ほど解説しますが、顧客管理は、マーケティングを行う上で、最も重要といっても過言ではありません。

お客さま対応の履歴を管理するにあたって、問い合わせ内容や対応の記載を間違えたり、忘れがちなことが、社内で問題になりやすいです。たまたま記載漏れしたことにより、クレーム対応が遅れたり、成約を取り逃がしたりと、情報の共有が企業成長に大きく関わってきます。

こうした対応管理や顧客管理は、チャットを使うことにより、履歴が全て残ります。チャットのテキストの保存期間は1年、画像や動画などのコンテンツメッセージは2週間、ファイルは1週間ですが、データをダウンロード保存しておくことで、顧客管理における手間やコストが削減可能です。

チャット使いで現状報告の難しさや面倒を軽減

LINEのチャットを利用して問い合わせや予約対応する際に、画像も合わせてやりとりできる為、ムズカしい表現や専門用語なしに話を進めることができます。

電話だけのやりとりやFAXによる文字だけのやりとりより、勘違いも減り、お客さまとのやりとりがスムーズに行えます。事前に把握できることで、トラブルはかなり減りますし、過不足なしに準備を進めることができ、スムーズなコミュニケーションが図れます。

▲油圧ホース出張修理ホースラインジャパン：現場に行かなくても現況確認が可能。

営業時間内はチャットを受け付けるが、営業時間外はBOT（自動応答メッセージ）が対応するといった風に、日時により使い分けることができます。

BOTは、初期設定としてデフォルトのメッセージが設定されていますが、最大200個までオリジナルのメッセージを登録可能です。また、ユーザーから送られるメッセージに含まれるキーワードに応じて、あらかじめ登録した指定メッセージを返信する機能「キーワード応答メッセージ」を利用すれば、簡単な質問に対してスムーズな自動対応ができます。さらにシンプルＱ＆Ａと使い分ければ、チャット画面で切り替えることもでき、かなり柔軟な対応が実現します。

▲AI応答メッセージで対応し、複雑な回答はチャットで対応。対応が終わったらまた切り替えてAI応答メッセージで返信する。

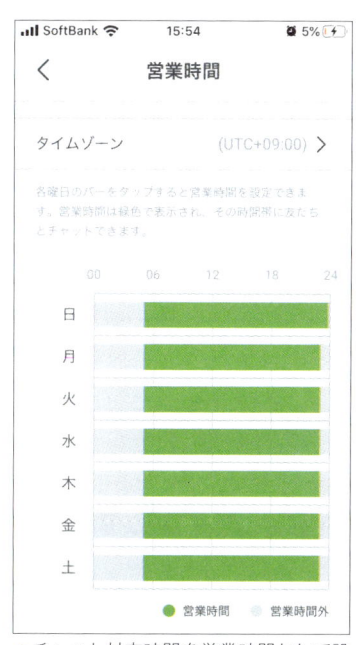

▲チャット対応時間を営業時間として設定可能。営業時間外は応答メッセージが返信。

顧客管理をうまく行う為に、チャットを有効に使おう

LINE公式アカウントは、誰が友だち登録されているかわかりません。チャットで連絡が来ると友だちの名前が見えるようになります。つまり、誰が登録されているか把握する為には、友だからメッセージを受け取ることが必要になります。

友だちからの最初のひとこと（スタンプでも可）をもらうために、友だち追加メッセージで何か問いかけると良いでしょう。応援のメッセージや合言葉など、なんでも構いません。何か言葉を返してもらいましょう。お客さまとのLINEを通しての初めてのコミュニケーションです。あなたらしさが出るやりとりができると良いですね。

LINEのチャットは未開封か開封かしか対応状況がわかりませんが、LINE公式アカウントでは、さらに未対応・対応済みの対応管理が可能です。

これまでは、トークルームを開封してしまったら、対応中のものは埋もれてしまって対応が煩雑になっていましたが、対応管理を行うことで、対応漏れがなくなります。さらに、メモ機能も使って友だちとのやりとりの大切な内容や、スタッフへの引き継ぎなどを残すことができます。

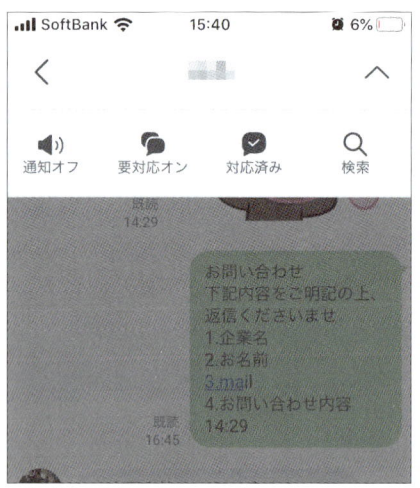

▲対応状況を管理することが可能。

ONE POINT チャットを受け付けていることを告知する

せっかくチャットで対応していても、お客さまが知らないこともよくあります。実にもったいないので、WEBやSNS、チラシなど販促物に「LINEで問い合わせ」とLINEで対応できるアピールをしましょう。

LINE公式アカウント内でも問い合わせにつながるように、リッチメニューやメッセージにも「LINEで問い合わせ」ボタンを設置しましょう。

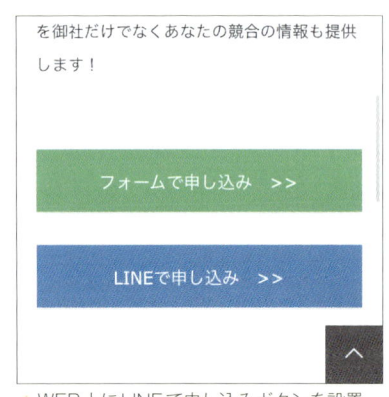

▲WEB上にLINEで申し込みボタンを設置。

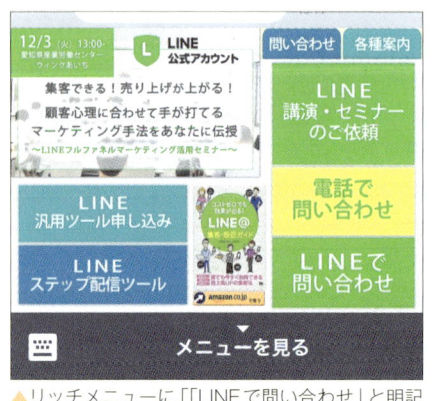

▲リッチメニューに「「LINEで問い合わせ」と明記することで問い合わせを促す。

ついやってしまいがちな規約違反や、
運用上の注意点を確認しよう

(!)Check アカウント停止にならないよう、十分に気をつけること

LINE公式アカウントを運用するにあたって、知らずにやってしまいがちな、重篤な利用規約違反があります。アカウント停止になりますので、絶対にやらないように気をつけてください。アカウント停止になった場合、復活はまず不可能です。

アカウント停止にならないよう、気をつけるべき点

❶ 他者を宣伝しない

自社ではないものを宣伝してはいけません。宣伝したい場合は、別途LINE社に申請する必要があり、費用が発生します。自社の系列店なら、相互に宣伝しても大丈夫。

ただし、協会やショッピングセンターなどは、集合団体であっても、所属している企業・団体も他者となりますので注意してください。おすすめと称して、関連会社やお友だちを宣伝することは禁止されています。

❷ 法律を遵守する

薬事法・景品法には注意しましょう。「癌が治る」「若返る」など、薬事法に違反する言葉は使ってはいけません。ペットに関しても適用されますので、注意してください。また、クーポンを使ってのプレゼントで景品金額が高すぎるなど、景品法にも触れてはいけません。

❸ ロゴやキャラクターの取り扱いに注意

キャラクターを使った販促物を勝手に作ってはいけません。メッセージ内で配信する画像にもキャラクターを入れてはいけません。LINEキャラクターは著作権の管理元があるため、著作権法違反となります。

❹ LINEのサイトで内容を確認しておく

LINE公式アカウントについてのガイドラインはこちら。必ず、一度は目を通しておきましょう。

https://terms2.line.me/official_account_guideline_jp

ビジネスで使えるLINE公式アカウントで効果を上げるコツ

LINE公式アカウントのロゴは、下記からダウンロードが可能です。利用の際は、規約を必ず確認しましょう。

https://www.linebiz.com/jp/logo/

❶ LINEアプリアイコンの周りを縁取るデザイン

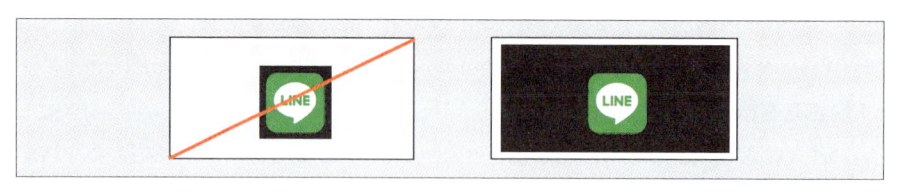

❷ ロゴおよび、テキストロゴを文中で使用することは不可

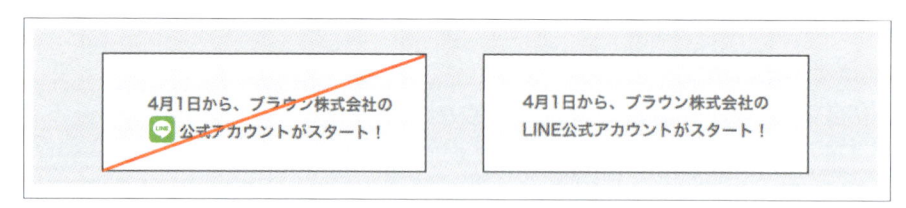

❸ 企業ロゴやシンボルと、ライン公式アカウントのロゴやテキストロゴを並べて使用することは不可

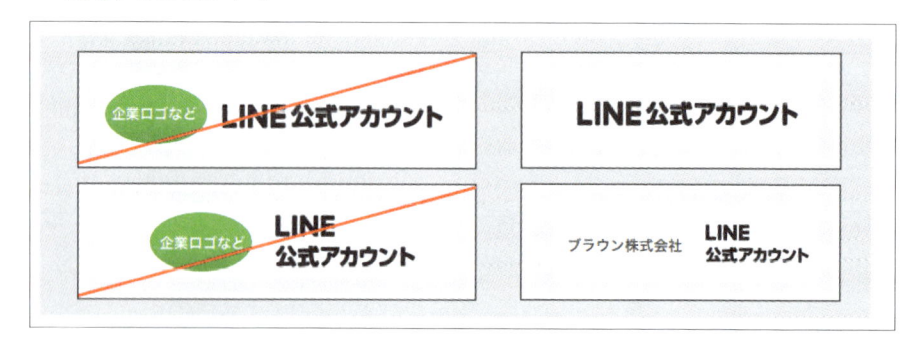

用語索引

英数字

3D Touch ···························· 150
AI応答メッセージ···················· 208
Face ID ··························· 96,114
Famiポート ··························· 92
IDによる友だち追加を許可··············· 154
Keep ······························ 60
LINE Creators Market················ 143
LINE Creators Studio ··············· 134
LINE Official Account Manager ······· 168
LINE Out ··························· 133
LINE Payカード ····················· 118
LINEギフト ························· 130
LINEコイン ························· 38
「LINE公式アカウント」アプリ ············· 172
LINE公式アカウント料金プラン ··········· 167
LINEスタンププレミアム ··············· 142
LINE@ ····························· 164
LINEプリペイドカード ················· 120
LINEポイント ······················· 108
NGワード ··························· 222
QRコード ··························· 30
SMS ···························18,31
Touch ID ··························· 96
Windows起動時に自動実行 ·············· 63

あ行

あいさつメッセージ···················· 173,187
アカウント削除······················· 162
アカウント認証をリクエスト ·············· 185

か行（右列）

アカウント引継ぎ ···················· 160
アクション···························· 197,217
アルバム···························· 50,123
いいね······························ 68
位置情報···························· 49
イベント···························· 37
印刷用ショップカード ················· 228
ウォレット···························· 22
絵文字······························ 36
応答設定···························· 186
応答メッセージ······················· 173,188
オートチャージ······················· 94
オープンチャット······················ 64

か行

カード取得ボーナス ··················· 227
カードタイプメッセージ ················· 198
キーワード···························· 189
着せ替え···························· 42
既読······························ 148
クーポン···························· 106,173,200,223
グループ···························· 56
決済履歴···························· 111
権限管理···························· 234
検索ボックス···························· 22
公開範囲···························· 70,72,79
公式アカウント······················· 164
コード支払い······················· 96
コードリーダー······················· 97
ゴール特典···························· 226
コメント···························· 69

コラージュ …………………………………… 120

コレクション ………………………………… 181

コントラスト ………………………………… 125

さ行

「撮影」ボタン …………………………… 45,79

サンクスページ ……………………………… 212

残高履歴 ……………………………………… 110

下書き保存 …………………………………… 206

親しい友だちリストを作成 ………………… 73

自動応答メッセージ ………………………… 190

自動ログイン ………………………………… 63

出金 …………………………………………… 112

招待 ……………………………………… 31,56

情報を隠す …………………………………… 53

ショップカード …………………………… 173,225

スクショ ……………………………………… 52

スタンプシミュレータ ……………………… 138

スタンプショップ …………………………… 37

ステータス ……………………………… 209,215

ステータスメッセージ …………………… 27,175

ストーリー ……………………………… 22,78

スマートチャット …………………………… 208

スライドショー ……………………………… 71

請求書支払い ………………………………… 99

セブン銀行ATM ……………………………… 91

送金 …………………………………………… 100

送金依頼 ……………………………………… 102

送信取消 ……………………………………… 35

た行

ターゲットリーチ …………………………… 173

タイムライン …………………………… 22,68,222

ダッシュボード ……………………………… 231

チャージ ……………………………………… 90

チャット …………………………………… 208,218

通知 …………………………………………… 149

通知センター ………………………………… 149

定型文 ………………………………………… 219

テスト配信 …………………………………… 207

テンプレート ………………………………… 216

投稿を修正 …………………………………… 74

トークスクショ ……………………………… 52

トーク履歴を復元 …………………………… 161

トークルーム ………………………………… 32

友だち自動追加 …………………………… 19,155

友だち追加 ………………………………… 173,192

友だちへの追加を許可 …………………… 19,156

な行

人気の投稿をトップに表示 ………………… 77

認証済アカウント ………………………… 167,185

認証済バッジ ………………………………… 167

認証番号 ……………………………………… 62

年齢確認 ……………………………………… 20

ノート ………………………………………… 58

は行

バーチャルカード …………………………… 118

配信メッセージ数を指定する ……………… 205

パスワード ………………………………87,115,153

バックアップ ………………………………… 158

販売申請 ……………………………………… 140

非公開 ………………………………………… 72

ビジネスアカウント ………………………… 172

ビデオ通話 …………………………………… 41

非表示リスト …………………………………… 157
ファイル ………………………………………… 46
フィルター ……………………………………… 123
不在着信 ………………………………………… 41
プライバシー管理 ……………………………… 154
ブラウズ ………………………………………… 46
プラグイン ……………………………………… 178
プラスチックカード …………………………… 119
プリペイドカード ……………………………… 39
ふるふる ………………………………………… 28
プレミアムID …………………………………… 232
プロダクト ……………………………………… 199
ブロック ………………………………………… 156
プロフィール画像 ……………………………… 24
プロフィールページ …………………………… 178
分析 ……………………………………………… 230
ポイント特典 …………………………………… 226
ホーム画面 ………………………………… 22,173
本人確認 ………………………………………… 88

ま行

マイQRコード …………………………………… 30
マイカード ……………………………………… 116
マイクーポン …………………………………… 107
マイスタンプ …………………………………… 39
未認証アカウント ……………………………… 167
無料通話 ………………………………………… 40
無料メッセージ ………………………………… 173
メッセージ受信拒否 …………………………… 155
メッセージ通知の内容表示 …………………… 152
メッセージ配信 ………………………………… 173
メッセージリスト ……………………………… 207
メニューのデフォルト表示 …………………… 215
メニューバーのテキスト ……………………… 215

メンバー・招待 ………………………………… 57
もっと見るカード ……………………………… 199

や行

要対応 …………………………………………… 221

ら行

リサーチ ………………………………………… 210
リッチビデオメッセージ ……………………… 196
リッチメッセージ ……………………………… 194
リッチメニュー ………………………………… 214
利用状況 ………………………………………… 173
リレー …………………………………………… 59
ログアウト ………………………………… 23,171

わ行

割り勘 …………………………………………… 103

目的・疑問別索引

英数字

24時間過ぎたストーリーを見る ……………… 80
2枚目以降のショップカードを作成する ……227
3D Touch f で素早く決済する ……………… 97
3D Touchで既読を付けずに読む …………150
Facebookのアカウントで登録する ………… 20
IDによる友だち追加ができないようにする …154
Keepに保存したメッセージを削除する …… 61
LINE Creators Marketで販売スタンプを
　管理する……………………………………143
LINE Creators Studioに登録する …………134
LINE Official Account Managerから
　ログアウト・ログインする ………………… 171
LINE Pay起動時にパスワードを設定する …115
LINE Pay残高を出金する ……………………112
LINE Payのパスワードを変更する ………… 87
LINE Payの本人確認方法 …………………… 88
LINE Payの利用料は？ ……………………… 85
LINEからログアウトできるの？ ……………… 23
LINEコインをチャージする ………………… 39
LINEスタンプの購入方法 …………………… 38
LINEスタンプの販売申請をする …………140
LINEで送られてきたファイルを
　ダウンロードする ………………………… 47
LINEポイントを支払いに使う…………………108
LINEポイントを貯める ……………………109
NGワードを設定する ……………………………222
QRコードで友だち追加する ………………… 30

あ行

あいさつメッセージを入力する ………………187
アカウントを切り替える ………………………237
アカウントをグループ化して管理する ………238
アカウントを削除する ………………………162
アカウントを引き継げるようにする …………160
アルバムの写真やアルバム自体を削除する … 51
アンケートの質問を作成する ………………212
いいねを付ける……………………………… 68
印刷用のショップカードを作成する …………228
受け取ったLINEギフトを使用する …………132
応答メッセージを作成する …………………188
応答モードにする ……………………………186
オートチャージを設定する ………………… 94
オープンチャットを共同管理する ………… 66
オープンチャットを退会・削除する ………… 66
送ったLINEギフトを確認する ………………132
音声を録音して送る ………………………… 49

か行

カードタイプメッセージを作成する …………198
顔認証や指紋認証を使う ……………………114
格安スマホを使っている場合の新規登録 …… 18
着せ替えを設定する ………………………… 42
金額を指定して送金する ……………………100
クーポンをトークルームで取得する …………107
クーポンをプロフィール画面に追加する ……202
グループに友だちを追加する ………………… 57
グループを作成する ………………………… 56
決済手段ごとに履歴を確認する ……………111

現在地を送る ……………………………………… 48
公式アカウントの管理メンバーを追加する …234
公式アカウントを削除する …………………………238
公式アカウントを有料プランで使う …………232
公式アカウント名を変更する ………………… 174
コードを相手に読み取ってもらって支払う … 96
コードを自分が読み取って支払う …………… 97
コメントを削除する ……………………………… 69
コメントを付ける ………………………………… 69
コラージュに背景を付ける …………………… 128
コラージュを作成する …………………………… 127
コラージュを自由なレイアウトで作成する …129
コレクションを追加する ……………………… 181

さ行

撮影した写真で顔のパーツを補正する ………125
撮影済みの写真を編集する …………………… 123
サンクスページを設定する …………………… 212
自動で友だちを追加したり、
　されないようにする …………………………155
自分のQRコードを表示する ………………… 30
自分の画面のメッセージを削除する ………… 34
写真をその場で撮影して送る ………………… 45
取得したクーポンを確認する ………………… 107
ショップカードを作成する …………………… 225
ショップカードを編集・停止する …………… 228
知らない人からのメッセージを拒否する ……155
ステータスメッセージを設定する …………… 27
ストーリーを閲覧した人を確認する ………… 80
ストーリーを削除する ………………………… 80
ストーリーを友だちだけに見せる …………… 79
請求書で支払う ………………………………… 99
送金依頼を友だちに送る ……………………… 102
送信したメッセージを取り消す ……………… 35

送信取り消しは相手に気付かれるの？ ……… 35

た行

タイムラインにスライドショーや音楽を
　投稿する…………………………………………… 71
タイムラインの自分の投稿を探す …………… 74
タイムラインの投稿にクーポンを入れる ……223
タイムラインの投稿を
　見られたくないときは ……………………… 70
タイムラインの広告を非表示にする ………… 77
追加した友だちが投稿を
　見られないようにする ……………………… 72
通知にメッセージの内容を表示しない ………152
定型文の文章に友だちの名前を入れる ………219
テスト配信する ………………………………… 207
問い合わせに後で対応したい時は …………… 221
動画に文字を入れて投稿する ………………… 79
投稿した写真を削除する ……………………… 75
投稿の非表示設定を解除する ………………… 76
投稿を閲覧できる友だちを確認する ………… 73
投稿を特定の人に見せないようにする ……… 72
投稿を特定の友だちのみに見せる …………… 73
投稿を非表示の設定にする …………………… 76
トーク画面から送金する ……………………… 101
トークスクショでアイコンや名前を隠す …… 53
トーク中の相手と通話する …………………… 40
トークのバックアップを取る ………………… 158
トークルームごとに背景を設定する ………… 42
トークルームのメッセージや画像を
　ノートに保存する …………………………… 59
友だちのストーリーを見る …………………… 78

な・は行

ノートにメッセージを保存する ……………… 58
複数人と一時的にトークする ……………… 56
複数の写真を一度に送る ……………………… 44
プラグインを設定する …………………………178
プレミアムID を購入する ………………………232
ブロックせずに、特定の人を非表示にする …157
プロフィールに顔写真を入れても大丈夫？ … 25
プロフィールページにボタンを表示する ……183
ポイント付与履歴を見る ………………………228
ポップアップのメッセージを読む …………148

ま行

見栄えの良い写真を撮影する …………………123
無料通話に応答できないときは ……………… 41
迷惑な人をブロックする ………………………156
メールに添付されたファイルをLINEで送る 47
メールを使って友だち追加する ……………… 31
メッセージの内容表示をオフにする …………152
メッセージや画像をKeepする ……………… 60

ら・わ行

リサーチを作成する ……………………………210
リッチビデオメッセージを作成する …………196
リッチメッセージを作成する …………………194
リッチメニューを作成する ……………………214
割り勘の内容を確認する ………………………105

■著者紹介

桑名　由美（くわな　ゆみ）

2001年からパソコン書籍の執筆を中心に活動中。著書に「仕事で役立つ! PDF完全マニュアル」「最新LINE & Instagram & Twitter & Facebook & TikTok ゼロからやさしくわかる本」、「はじめてのGmail入門」、「はじめてのメルカリの使い方」などがある。

著者ホームページ
https://kuwana.work/

執筆：Chapter01～Chapter08（「Check」を除く）

松浦　法子（まつうら　のりこ）

WEBブランド戦略　ArtsWeb株式会社　代表取締役社長。
自治体や企業へLINEを使ったフルファネルマーケティング支援、コンサルティング、メディア出演・監修を行っている。特にLINEを使ったビジネスのMA化など仕組み構築は圧倒的な実績を誇る。「導入から運用、広告まで実際に手掛ける現場がわかる講師」として講演も定評がある。著書に「コストゼロでも効果が出る! LINE公式アカウント集客・販促ガイド（翔泳社）」、他6冊がある。
LINE事業部　https://line100.com/

執筆：Chapter08「Check」、Chapter09

●Android端末での操作について

　本書では、ソニーモバイルコミュニケーションズ社のAndroid端末「Xperia 5」（ソフトバンク）を使用して、Android 端末での操作について執筆／編集しています。
　Android端末は、各端末メーカー及び携帯キャリアにより、画面や操作が違う場合があります。
　お使いのAndroid端末と本書の画面が違う場合は、お使いの端末の取扱説明書をご参照ください。

▲ Xperia 5

※本書は2019年12月現在の情報に基づいて執筆されたものです。
　本書で紹介しているサービスの内容は、告知無く変更になる場合があります。
　あらかじめご了承ください。

■装丁 / イラスト作成
高橋康明
■DTP
中央制作社

LINE完全マニュアル
LINE Pay/ 公式アカウント 対応

発行日	2020年 1月25日	第1版第1刷

著　者　桑名　由美 / 松浦　法子

発行者　斉藤　和邦
発行所　株式会社　秀利システム
　　　　〒135-0016
　　　　東京都江東区東陽2-4-2　新宮ビル2F
　　　　Tel 03-6264-3105（販売）Fax 03-6264-3094
印刷所　三松堂印刷株式会社　　　　Printed in Japan

ISBN978-4-7980-6067-5 C3055